ROME AGRICOLE

DE L'ÉTAT ACTUEL

DE

L'AGRICULTURE

DANS LES ÉTATS ROMAINS

PAR

M. DE VERNOUILLET

PARIS

GUILLAUMIN ET Cᴵᴱ, ÉDITEURS

DU JOURNAL DES ÉCONOMISTES,
DE LA COLLECTION DES PRINCIPAUX ÉCONOMISTES, DU DICTIONNAIRE
DE L'ÉCONOMIE POLITIQUE,
14, RUE DE RICHELIEU, 14.

1857

DE L'ÉTAT ACTUEL

DE

L'AGRICULTURE

DANS LES ÉTATS ROMAINS

PARIS. — TYPOGRAPHIE DE PILLET FILS AINÉ

RUE DES GRANDS-AUGUSTINS, 5.

DE L'ÉTAT ACTUEL

DE

L'AGRICULTURE

DANS LES ÉTATS ROMAINS

PAR

M. DE VERNOUILLET

PARIS

GUILLAUMIN ET Cᴵᴱ, ÉDITEURS

DU JOURNAL DES ÉCONOMISTES,
DE LA COLLECTION DES PRINCIPAUX ÉCONOMISTES, DU DICTIONNAIRE
DE L'ÉCONOMIE POLITIQUE,
14, RUE DE RICHELIEU, 14.

—

1857
1856.

PRÉFACE

Au moment où l'étude sérieuse des questions
économiques et agricoles semble avoir pris sur
le goût du public un empire qu'elle aurait toujours dû occuper; au moment où l'Italie tient
éveillée sur elle l'attention du reste de l'Europe, il nous a paru qu'il ne serait peut-être
pas sans quelque intérêt, sinon sans quelque
utilité, de mettre sous les yeux du lecteur
un tableau consciencieux et impartial de l'é-
tat actuel de l'agriculture dans les Etats pon-

tificaux. Un séjour à Rome de cinq années ;
la conversation journalière d'hommes instruits
et sans préjugés, fixés en Italie depuis plus
longtemps encore ; la lecture attentive de tous
les ouvrages d'économie ou d'agriculture,
assez peu nombreux du reste, publiés par des
Romains ; plusieurs voyages en Toscane, en
Lombardie, en Piémont et dans le royaume des
Deux-Siciles, qui nous mettaient à même de
comparer ; l'habitude de la langue du pays, et
surtout la facilité que nous donnaient des rela-
tions bienveillantes de nous transporter sur les
principaux centres d'exploitation et de tout voir,
de tout contrôler par nous-même, ont formé nos
convictions et nous serviront peut-être d'excuse,
si nous heurtons quelquefois des opinions généralement admises et qui ont obtenu, pour
ainsi dire, droit de cité chez nous.

L'Etude que nous présentons aujourd'hui au
public a paru par extraits dans la *Revue contemporaine*. L'accueil bienveillant que les principaux organes de la presse parisienne ont bien
voulu lui faire, les sollicitations d'amis, sans
doute trop indulgents, nous ont engagé à réu-

nir ces extraits en volume et à restituer à notre travail les divisions méthodiques qui lui servaient de base. En toute chose, mais surtout en ces matières, toujours un peu confuses, la méthode est le guide le plus sûr, l'auxiliaire le plus indispensable de l'esprit humain. Nous y avons eu largement recours. A l'aide de nos divisions, le lecteur embrassera facilement d'un coup d'œil l'ensemble de la question et pourra sans fatigue tirer les conclusions naturelles.

La première partie exposera les conditions climatériques, la nature des terrains, les productions du sol, le mode de culture généralement adopté dans les Etats romains. Nous donnerons dans la seconde une description exacte des principales exploitations agricoles du pays. La troisième énumérera les encouragements donnés à l'agriculture par les papes et les essais d'améliorations qu'ils ont tentés : ce sera la partie historique. Enfin la quatrième traitera des réformes et des perfectionnements *utiles* que l'on pourrait encore apporter à la culture dans les Etats pontificaux, spécialement à celle de la Campagne de Rome.

Rappelons en terminant au lecteur que nous n'avons eu nullement la prétention de faire un livre. Ce ne sont que des notes recueillies sur les lieux, puis coordonnées entre elles et qui n'étaient, dans l'origine, aucunement destinées à voir le jour. Nous réclamons donc un peu d'indulgence pour la forme. Nous n'avons voulu, encore une fois, que rectifier, pièces en main, des erreurs trop longtemps accréditées, donner un aperçu aussi complet que possible de l'état réel des choses; en un mot, rendre hommage à la justice et à la vérité.

M. V.

INTRODUCTION

L'Italie est la calomnie de l'Europe, a dit un historien; pensée dont la justesse grandit si on l'applique en particulier aux Etats pontificaux, et qui devient une vérité incontestable si l'on considère spécialement leur agriculture. Les notions les plus fausses, les assertions les plus absurdes ont été de tout temps répandues par les voyageurs qui traversent traditionnellement les Etats romains de Civitta-Vecchia à Terracine, dans la partie, je ne dirai pas la moins fertile, mais dans celle dont l'aspect semble, au premier abord, aride et désolé à celui qui vient de quitter son parc anglais ou les petits champs alignés de son village, à celui de qui l'œil n'a jamais pénétré au fond de ces exploitations immenses qui révèlent au plus incrédule toute la puissance de la grande culture. Le climat lui-même, les productions du sol, le caractère des habitants ont été l'objet des appréciations injustes de ces touristes superficiels et pressés qui prennent leurs notes du bord de la grande route. S'ils avaient parcouru les Marches, s'ils avaient pénétré dans les vallées profondes des Apennins, ils auraient contemplé dans les unes, un système agricole aussi avancé, aussi perfectionné qu'en Piémont ou en Lombardie, et dans les autres, la petite culture plus en honneur et mieux pratiquée peut être que chez nous.

Les voyageurs ignorants ne sont pas seuls à émettre des opinions aussi erronées sur les Etats du Saint-Père ; les économistes eux-mêmes, dont le jugement est plus dangereux en raison de la confiance qu'ils inspirent, sont tombés dans les plus grossières erreurs. La statistique d'Italie, publiée à Florence en 1838, affirme, par exemple, que les frais de perception de l'impôt foncier dans les Etats romains absorbaient 23 pour 100 de cet impôt, sans prendre garde que ce chiffre était formé presque en entier par les dépenses d'entretien des routes nationales et les rues de Rome, dépenses qui se soldent encore aujourd'hui sur la rente de l'impôt foncier. C'est d'après de semblables jugements sur les autres sources des revenus publics, qu'on avait été jusqu'à dire que les frais de perception absorbaient le quart de la rente brute. « J'ai souvent entendu représenter comme en souffrance quelque article de commerce qui est dans la plus complète activité, » disait habituellement M. Galli, dernier ministre des finances.

Notre but est de donner un aperçu plus exact de l'état réel des choses, et nous espérons prouver sans peine que les habitants des Etats pontificaux sont plus industrieux et jouissent d'un plus grand bien-être qu'on ne le croit en général. Nous nous attacherons toutefois presque exclusivement à la question des provinces occidentales, les provinces orientales méritant à elles seules une étude spéciale et approfondie.

PREMIÈRE PARTIE.

APERÇU GÉNÉRAL SUR LE CLIMAT, LA CULTURE ET LES PRODUITS DES ÉTATS ROMAINS.

CHAPITRE PREMIER.

L'Etat romain, dans sa plus grande longueur,
e la ligne du Pô à Terracine, a 80 liêues, et 44
ans sa plus grande largeur, d'Ancône à Civita-
ecchia. Il est situé entre le 45ᵉ et le 41ᵉ degré
e latitude, position qui explique suffisamment
on extrême fertilité, surtout pour les oliviers
t la vigne. Toutes les céréales, les plantes lé-
umineuses et textiles y croissent en abondance
t atteignent des proportions colossales. Nous
vons vu, près de Viterbe, du chanvre de plus

de dix pieds de haut. Le palmier, l'oranger poussent en pleine terre à Terracine; les citrons et les limons y deviennent d'une grosseur prodigieuse; le myrte, le daphné, l'arbousier, l'aloës, le cactus couvrent les montagnes environnantes, surtout le promontoire de Circé, si bien choisi par les anciens pour la résidence d'une enchanteresse.

Le sol est tantôt calcaire et tantôt volcanique; les montagnes de Bracciano, le Cimino et le Soriano, encore en partie couronnées de ces sombres forêts qui frappaient de terreur et arrêtaient les premiers Romains, le soulèvement des monts Albanes (1), tous de formation volcanique, sont couverts d'une végétation vigoureuse; les monts Lepini, au contraire, qui séparent les marais Pontins de la fertile vallée du Sacco et la grande chaîne des Apennins, Mentorella, monte Gennaro, Terminillo, etc., sont

(1) Mont Artemisius, monte Cavi et monte Algido.

le roche calcaire, et ne présentent, dans presque toute leur étendue, que des cimes créne-
ées, des flancs escarpés et arides. Mais si la na-
ure, qui nulle part ne s'est montrée marâtre
lans ce magnifique pays, leur a refusé les pro-
luctions végétales, elle les a comblés des riches-
es minéralogiques. L'excellente chaux que l'on
obtient par la cuisson de la pierre calcaire de
'Apennin, les marbres de toute espèce, l'albâtre
le Collepardo et de San Felice, où on le trouve
n telle quantité, que nous avons vu le rivage
out jonché de morceaux énormes et à demi
aillés, qu'on ne se donne même pas la peine
l'embarquer, à cause de la cherté du transport;
e travertin, dépôt calcaire d'eau douce, que l'on
encontre en abondance dans la plaine qui s'é-
end au pied de Tivoli, pierre inestimable par
a résistance et sa légèreté, qui durcit au con-
act de l'air et s'est conservée en si parfait état
ans les colonnes et les édifices antiques, sont
es sources importantes d'exportation et de bien-

être intérieur. La pouzzolane, terre grisâtre, très-commune aux environs de Rome, et qui, mêlée à l'eau, constitue ce fameux ciment romain, qui se durcit d'autant plus par la suite qu'il est plus exposé à l'humidité, est encore une branche de commerce extérieur. Le soufre se trouve assez abondamment à l'état natif dans la forêt de la Manziana et dans les soufrières de Rimini; l'alun, sur les montagnes de la Tolfa, qui portent aussi le nom d'*Alumières*, et s'étendent de Civita-Vecchia à Viterbe.

De nombreuses rivières arrosent les terrains fertiles, qui produisent presque spontanément et sans le secours de la main de l'homme. Les neiges perpétuelles des Apennins semblent placées là par la Providence pour les empêcher de tarir pendant les grandes chaleurs, et les inondations de l'hiver sont souvent plus à craindre que les sécheresses de l'été. Le plus grand fleuve de la partie orientale des Etats romains est le Tronto (*Truentus*), qui sert de frontière entre la délégation d'Ascoli et le royaume de Naples, et se jette dans l'Adriatique à Porto di Ascoli. La Potenza le Chienti, la Tenna, l'Uso (ancien Rubicon), descendent également de ce versant des Apennins. Les provinces occidentales sont encore mieux partagées, et voient couler dans leurs riches vallées l'Arrone, l'Anio, la Nera, le Velino, le Sacco et le Liris, qui prend le nom de Garigliano après sa jonction avec le Sacco. Enfin, le Tibre, le plus grand de tous, *pater Tiberis,* dont les eaux noirâtres protestent aujourd'hui contre la gracieuse épithète de *flavus* que lui donnaient les anciens, est navigable en toute saison, depuis Orte, à plus de 15 lieues de Rome, jusqu'à son embouchure, et conduit rapidement à la mer tous les objets d'exportation. Les Etats pontificaux contiennent aussi plusieurs lacs. Ceux de Vico, d'Albano, de Nemi, de Piè di Lugo ne servent que d'ornements gracieux à de charmants paysages ; mais les lacs de Bolsena, de Bracciano et de Perugia (Trasymène), fournissent d'excellents poissons à la plus grande partie du territoire.

La superficie des Etats romains est de 18,117 milles carrés (milles romains de 75 au degré). Les deux tiers sont montagneux, le reste en plaines : 16,071 milles carrés sont cultivés, et 2,046 incultes. Il n'y a donc absence complète de culture que sur deux dix-huitièmes de l'étendue, chiffre assurément bien faible, surtout si l'on tient compte des terrains occupés par les routes, fleuves, lacs et édifices publics. En adoptant une autre unité de mesure, celle qui sert ici à déterminer l'étendue des champs, et que l'on appelle le *rubbio*, on trouve que la superficie totale des Etats est de 2,253,991 rubbia. Or, le rubbio vaut 184 ares 84 centiares. Cette superficie est donc égale à 4,166,276 hectares 96 ares.

Quant au nombre d'habitants répandus sur cet espace, il était, en 1838, de 2,771,436. Si l'on tient compte, jusqu'en 1854, de l'augmentation presque constante de 1,300 individus par an, occasionnée tant par les immigrations étrangères que par les naissances, qui généralement dépassent d'une quantité notable les vides causés par la mort, la population serait aujourd'hui de 2,979,436 âmes ; elle approcherait même encore davantage de 3,000,000, car, bien qu'il n'y ait eu depuis 1838 aucun recensement complet, on l'avait, en 1849, approximativement fixée à ce dernier chiffre quand on fit le recensement de chaque province pour savoir le nombre de députés qu'elle devait envoyer à la Chambre. Cette population, relativement à la superficie qu'elle occupe, est à peu près égale à celle de la Toscane, de la Sardaigne et du royaume de Naples, d'après l'étendue respective de ces Etats.

Le climat, remarquablement favorable aux productions végétales, ne l'est pas également pour les animaux, et surtout pour l'homme. Des épidémies assez fréquentes sévissent cruellement

sur les troupeaux de bœufs et de buffles ; la jau-
nisse, maladie inconnue en France chez les animaux, et extrêmement dangereuse, attaque ici les
chevaux et les chiens, qui en meurent le plus
souvent. Quant à la race humaine, elle reste
presque incessamment en proie à des fièvres malignes, dont la périodicité est un des accidents
les plus graves. Les espèces bovine et chevaline des Etats pontificaux sont cependant vigou-
reuses et rustiques ; aussi résistent-elles fort bien,
dans les circonstances ordinaires, aux influences
malsaines du climat; il n'en est pas de même
des espèces étrangères, et par exemple, sur 10
chevaux amenés du nord de la France, d'Alle-
magne ou d'Angleterre, et n'ayant pas atteint au
moins l'âge de 7 ans, 6 meurent dans l'année,
et les autres ne survivent qu'au prix des soins les
plus intelligents et les plus assidus. Notre cava
lerie a fait ainsi, depuis quatre ans, des pertes
assez considérables, et plusieurs chevaux fran-
çais, qui avaient parfaitement résisté au climat

de l'Algérie, ont été enlevés ici en quelques jours. Quant aux hommes, le phénomène est inverse : nous avons toujours eu proportionnellement moins de fièvres dans notre armée qu'il n'y en a eu dans les troupes pontificales. Cela tient peut-être à ce que la santé des habitants, altérée dès l'enfance par ces influences malignes, se trouve moins en état de leur résister dans un âge plus avancé.

La température, très-douce pendant l'hiver, est excessive pendant l'été. Dans cette dernière saison, le thermomètre accuse des variations subites, et telles qu'on n'oserait y croire si l'on n'en ressentait sur soi-même les dangereux effets. Comme dans tous les pays chauds, il y a ici deux époques de pluies presque continuelles ; puis le ciel reste pur pendant des mois entiers. Il n'est pas rare que tout un été se passe sans qu'une seule goutte d'eau vienne rafraîchir la terre ; mais le ciel se venge si bien au printemps et à l'automne, que la quantité d'eau qui tombe à Rome en un an est double de celle qui tombe à Paris. La fixité des vents en est la cause. Le peuple romain n'a que deux mots pour les désigner tous : le Sirocco, ouest et sud, vient de la mer et amène les pluies; il est énervant et rend l'air plus malsain; la Tramontana, est et nord, souffle des montagnes et est toujours accompagnée de la pureté du ciel (1).

Un fléau terrible contre lequel lutte héroïquement le cultivateur, l'*aria cattiva*, ou mauvais air, règne dans l'Etat romain, comme en Toscane, comme en Corse, et arrête à la fois son essor agricole et l'accroissement de sa population. La plaine de Rome et les marais Pontins, dans toute leur étendue, sont soumis pendant la plus grande partie de l'année à cette influence délétère. Il n'est point d'homme, quelque robuste

(1) Les expressions *levante*, est ; *ponente*, ouest; *libeccio*, sud-est, sont pour ainsi dire hors d'usage et ne sont employés que pour un besoin tout spécial de désigner la direction précise du vent.

qu'il soit, qui puisse y passer plusieurs jours de suite les heures chaudes de la journée, et surtout la nuit, sans être atteint d'une fièvre pernicieuse, qui ruine aussi rapidement son moral que son physique, et le conduit en quelques mois au crétinisme ou à la mort. C'est un spectacle horrible et navrant à la fois, que de voir dans les villages des *paludi*, ces hommes et ces femmes au teint hâve, aux yeux hagards, assis tristement au seuil des chaumières, ou accroupis dans quelque coin de la cabane pour fuir les rayons du jour, que leur vue ne peut plus supporter. Une ou plusieurs années de fièvre, quelquefois moins, ont réduit ces malheureux en cet état épouvantable. Souvent les terribles effets du fléau sont presque instantanés, et l'on voit, parmi les bandes de moissonneurs étrangers répandus, au mois de juillet, dans la plaine de Rome, de pauvres ouvriers, saisis par la fièvre, deux ou trois jours après leur arrivée dans l'Agro-Romano, s'éloigner de leur troupe dans le paroxysme du mal, et mourir parfois sans secours et loin de leurs amis (1). De tels accidents sont assez fréquents pour que des hommes charitables aient formé une confrérie qui parcourt les campagnes pour y rechercher et transporter à Rome ceux qui meurent ignorés; et que la pieuse famille Doria entretienne toujours, dans chacune de ses fermes, une voiture commode pour recueillir tous ceux qu'on pourrait encore sauver.

A mesure que l'on s'élève, la salubrité de l'air s'accroît graduellement, et de l'*aria pessima*, ou très-mauvais air, tel qu'il existe au centre des marais Pontins, dans les parties de la plaine de Rome les plus voisines de la mer, et dans certains quartiers de la ville elle-même qui n'est qu'à 10 mètres au-dessus du niveau de la Méditerranée, on passe à l'air simplement mauvais, *aria cattiva*, qui règne dans

(1) De Tournon, *Etudes statistiques sur Rome.*

les villages bâtis au pied des montagnes; un peu plus haut, il n'est plus que suspect, *aria sospetta;* bientôt il devient suffisant ou passable, *aria sufficiente;* ensuite on entre dans la région du bon air, *aria buona,* et enfin, à une élévation plus grande encore, dans celle du très-bon air, *aria fina* ou *ottima.*

La saleté, le défaut de circulation d'air, ne sont pas des causes morbifiques, et l'infect quartier des Juifs, à Rome, le Ghetto, est complétement à l'abri du fléau. Les quartiers les plus aérés, au contraire, la place d'Espagne, par exemple, de tous les faubourgs sont presque inhabitables pendant l'été. Il paraît certain que l'agglomération et la hauteur des maisons arrêtent les miasmes que les vents apportent des bords de la mer. Le pavage des rues, garantissant la terre de l'action solaire, semble préserver également de la *malaria.* Les arbres exercent aussi parfois une heureuse influence. Ainsi, le couvent passionniste de Saint-Jean et Saint-

Paul, sur le Cœlius, dont les jardins s'étendent en face du Colysée et du mont Palatin, doit aux arbres nombreux qu'y fit planter Napoléon Ier une salubrité complétement inconnue à tout le reste du Cœlius.

Malgré ces quelques données, qui cependant paraissent certaines, tous les efforts tentés depuis des siècles pour neutraliser les effets terribles de l'*aria cattiva* dans la campagne de Rome ont successivement échoué; l'on a essayé de faire des plantations, les arbres sont morts; on a tenté l'assainissement par la petite culture; on a fondé des colonies; les papes ont construit, à leurs frais, des villages entiers dont ils dotaient les habitants de nombreuses concessions de terrain; les habitants sont morts et les villages ont disparu.

On ne sait même pas à quelle cause attribuer ce fléau, et les divergences d'opinion, à cet égard, sont aussi nombreuses que les moyens proposés pour le combattre. Ce qu'il y a de certain, c'est qu'il sévit depuis fort longtemps sur ces malheureuses contrées. Il n'existait pourtant pas encore à l'époque où les villes des Volsques et des Étrusques s'élevaient au milieu de la Campagne romaine, toute couverte de forêts et de cultures. Dans les premiers temps de la république, quand l'agriculture était en honneur, et les colonies militaires en usage, l'influence du mauvais air ne se fit pas sentir non plus. Mais lorsque, la population locale étant détruite et les Romains libres entraînés au loin par les guerres, une population esclave vint cultiver le sol dont les patriciens avaient réuni la propriété en masses énormes, alors les pays latins et volsques, jusque-là très-sains, commencèrent, dans quelques territoires, à être atteints de la fièvre, et Horace écrivait déjà en parlant du mois d'août :

Adducit febres et testamenta resignat.

L'Agro-Romano devint de plus en plus inculte.

2*

Comment les citoyens auraient-ils consenti à labourer péniblement leurs champs, lorsqu'ils pouvaient participer sans rien faire aux largesses des empereurs, auteurs d'un double mal en attirant la population dans la ville et en décourageant l'agriculture par l'avilissement du prix des denrées? C'est à M. le vicomte de Tournon, le savant et habile administrateur, préfet de Rome sous l'empire, que l'on doit cette ingénieuse explication des origines du fléau. On sait, en effet, que les terrains incultes contiennent toujours une certaine quantité de miasmes et de gaz délétères qui s'en dégagent avec plus de violence au moment où l'on ouvre la terre. Les terrains souvent remués, au contraire, se purifient peu à peu de ces exhalaisons putrides, et c'est pour cette raison surtout que la culture assainit les campagnes, et que le premier défrichement est presque toujours fatal à ceux qui l'entreprennent. L'Afrique nous en offre continuellement de nombreux exemples.

Quant aux causes actuelles et incessantes de l'insalubrité de la plaine de Rome, elles sont multiples, et l'exiguïté de notre cadre ne nous permettrait pas de les énumérer; mais il en est deux qui nous semblent donner à elles seules le mot de cette triste énigme : les marais infects et plus ou moins rapprochés qui s'étendent de Terracine à la frontière de Toscane, et dont les exhalaisons pestilentielles, provoquées par la décomposition de substances végétales sous l'action des rayons solaires, sont transportées par les vents dans toute la plaine, sans qu'aucune forêt vienne les arrêter; et les variations rapides de la température. Ces variations vraiment extraordinaires dans la Campagne de Rome, tiennent à la proximité de deux régions qui diffèrent essentiellement dans leurs conditions météorologiques : l'une basse, chaude et humide, l'autre élevée, froide et sèche. Les colonnes d'air froid, descendant la nuit des montagnes, viennent prendre la place des colonnes de la plaine plus raréfiées par la chaleur, et produisent une perturbation rapide de température qui, jointe à la chute d'une abondante rosée, influe sensiblement sur l'économie du corps. Cette influence est encore plus dangereuse pendant le sommeil, position dans laquelle l'absorption par la peau est beaucoup plus active.

Dans une étude fort remarquable sur les maremmes toscanes, publiée en 1852 par la *Revue contemporaine*, M. Thomassy fait très-judicieusement observer que l'une des causes premières de l'infection des marais est le mélange des eaux douces et des eaux salées. Les animalcules qui vivent dans les premières, mourant dans les secondes et réciproquement, la putréfaction devient encore plus générale. Il faut remarquer cependant que cette cause ne produit ses tristes effets que sous un soleil brûlant comme celui de l'Italie, et que Saint-Pétersbourg, par exemple, tout entouré qu'il soit de marais d'eaux douces et d'eaux salées, ne connaît ni la malaria ni les fièvres qu'elle occasionne.

Telles sont les conditions géographiques et climatériques des Etats pontificaux. On voit aisément que si elles sont très-favorables à la végétation spontanée et à la culture, elles le sont fort peu à l'entretien de la santé chez l'homme. Nous en verrons bientôt les conséquences nécessaires, et ces premières notions nous serviront à apprécier davange les méthodes employées ici en agriculture, et souvent injustement critiquées.

CHAPITRE II.

MODE DE CULTURE.

Le mode de culture d'un pays est soumis à deux conditions : la constitution du sol et l'état de la population. Cette dernière condition dépend elle-même de l'état sanitaire du pays. La vérité de cette proposition ne se trouve nulle part mieux démontrée que dans les Etats pontificaux, où la différence des terrains et surtout des climats est poussée à l'extrème. Aussi deux modes de cultures bien opposés y sont-ils pratiqués à la fois, souvent côte à côte, mais l'un plus spécialement dans les montagnes, l'autre dans les plaines. La petite culture et la grande culture sont également en honneur dans les Etats du saint-père, et, loin de se nuire l'une à l'autre, s'y prêtent, au contraire, un mutuel et utile appui.

1°. — PETITE CULTURE.

C'est une erreur assez généralement répandue que de croire la petite culture abandonnée ou mal comprise dans les Etats romains. Nulle part elle n'est mieux entendue et pratiquée plus volontiers, pourvu toutefois que les conditions atmosphériques ne fassent point obstacle. Ainsi la majeure partie de l'Etat romain est en petite culture : ce sont les vallées du Sacco, de Subiaco, de Rieti, de la Nera, de Terni, etc., et la totalité des Marches et de la Romagne, depuis le pied des Apennins jusqu'à l'Adriatique. Tous les pays sains en un mot ou assez à portée d'en-

droits saints, la banlieue des villes et surtout l
vallées de l'Apennin sont cultivées d'après
même méthode. Le système des métairies
universellement adopté dans les Marches. Ri
de plus curieux et de plus inattendu que la cu
ture soignée de la vallée de Rieti, délicieu
oasis perdue au milieu des montagnes et ento
rée de toutes parts de collines dénudées et
cimes couvertes de neige. Les champs sont pet
et régulièrement agencés; pas un pouce de te
rain n'est perdu. Partout de nombreux cana
d'irrigation portent les eaux du Velino, q
coule au milieu de la vallée, aux champs l
plus éloignés de ses bords; partout trois étag
de récoltes, arbres, plantes, vignes, et souve
davantage. Ainsi vous voyez dans le même char
de longues files bien alignées de blé de Turqu
entremêlées de files semblables de lupin ou
chanvre, au-dessus desquelles s'élèvent de jeur
ormes où la vigne enlace ses pampres gracié
en conduisant de l'un à l'autre ses riches gu

landes. La vallée de Terni et celle du Sacco, que nous avons eu également l'occasion de parcourir, offrent le même spectacle d'activité et d'industrie, et sont comparables aux plus admirables contrées de la Lombardie.

Dans les marais Pontins eux-mêmes, que le mauvais air et le défaut de desséchement complet sembleraient devoir vouer en totalité à la grande culture, toute la partie du territoire qui s'étend entre Terracine et Cora, au pied des monts Lepini, n'est qu'une suite de champs où la variété des récoltes s'unit à la végétation la plus luxuriante. Le blé, l'avoine, le chanvre, les fèves, les haricots, les petits pois y croissent merveilleusement et côte à côte. L'on dirait d'un véritable jardin potager. Cette assertion paraît toujours étrange au voyageur qui n'a fait que parcourir la route qui traverse les marais Pontins dans leur milieu, c'est-à-dire à une distance telle des montagnes où sont bâties les villes que les habitants ne sauraient, sans danger de mort, y venir travailler pendant l'été. Mais celui qui suit à cheval les contours des monts Lepini, voit descendre chaque matin des villages escarpés de la montagne une population entière de travailleurs qui vient donner ses soins à ces terrains fertiles. Ils y restent tout le jour, dînent de leurs provisions, et remontent le soir en chantant la longue route, souvent de plusieurs lieues, qui les sépare de leurs habitations. Peu à peu les terres se dessèchent, les plantations augmentent d'étendue, et chaque année ces hardis pionniers de l'agriculture font quelque nouvelle conquête sur l'empire de la solitude et de la mort.

Dans une autre partie des Etats, à l'extrémité nord de l'Agro-Romano, le mont Virginio étale au loin ses coteaux couverts de produits variés, de maisons au centre des cultures, tandis qu'à sa base la nudité des terres, l'agglomération des habitants en tristes villages trahissent la présence de la *malaria*.

La petite culture est donc le mode préféré

dans les Etats romains ; ce n'est que lorsque le mauvais air les exile de leurs propriétés que les habitants les laissent en friches ou en pâturages.

2°. — GRANDE CULTURE.

Les Etats pontificaux sont pourtant un des Etats de l'Europe où l'on pratique la grande culture sur la plus vaste échelle. On la rencontre ici à chaque pas ; ce sont partout des plaines d'une étendue immense, n'offrant au regard que des prairies naturelles coupées çà et là de *sta-tionades*, barrières de châtaigniers, qui empè-chent les bestiaux de passer chez les propriétaires voisins, des champs de blé de plusieurs lieues, des fermes rares et à peine suffisantes au loge-ment de ceux qui sont chargés de la surveil-lance ; en un mot, tout a l'aspect d'un pays voué depuis des siècles à ce large mode d'exploita-tion. Mais ce n'est pas l'humeur particulière des habitants qui les porte vers ce système plutôt que vers un autre; c'est souvent la qualité des terrains, l'intempérie de l'été dans les plaines, l'absence de toute végétation possible, la faiblesse relative de la population, et par-dessus tout les terribles influences du mauvais air. La grande culture est partout forcée, et particulièrement dans les contrées malsaines. Aussi est-ce une injustice gratuite que d'inculper la paresse ou l'ignorance des habitants, même si l'on réserve la question de savoir quel est le plus avantageux des deux modes.

C'est principalement dans les marais Pontins et dans l'Agro-Romano que la grande culture règne sans conteste. La Campagne de Rome n'est, pour ainsi dire, qu'une immense prairie dont quelques champs de céréales viennent à peine rompre la parfaite uniformité. Un petit nombre de fermes, espèces de châteaux forts, crénelés jadis contre les attaques des Maures et des brigands, ajoute à son aspect triste et monotone : on dirait que les hommes cultivent cette terre à main armée.

Les marais Pontins, séparés de la Campagne de Rome par les monts Albanes, présentent à peu près le même coup d'œil, moins les élévations nombreuses et les déchirements profonds. Ils commencent à Terracine, l'antique Anxur des Grecs, cette longue série de solitude qui s'étend jusqu'à Civita-Vecchia.

Quatre cents fermiers à peine se partagent cette vaste étendue. On les appelle ici marchands de campagne (*mercanti di campagna*), nom qui désigne parfaitement le genre d'opération auquel ils se livrent. Ils n'ont en effet rien qui ressemble à nos fermiers, si ce n'est la haute surveillance sur les travaux des terres qu'ils reçoivent à loyer des grands propriétaires du sol. Mais cette haute surveillance, ils l'exercent fort rarement et restent quelquefois des mois entiers sans paraître sur leurs fermes. Leur occupation spéciale, c'est l'écoulement des produits, la vente

des grains sur le marché, leur exportation même.
Pendant ce temps, le *ministro,* qui prend le nom
de *massaro* dans les exploitations de bétail, est
le représentant du fermier sur la ferme et le
directeur suprême des travaux. Il parcourt les
cultures, distribue les ouvriers, fait tout ce qui,
dans un autre pays, est du ressort du fermier
lui-même, tandis que celui-ci joue le rôle de
négociant. Le marchand de campagne doit être
rompu aux plus savantes combinaisons du haut
commerce. Il doit être riche, très-riche, pour
faire face aux fortes différences qu'une année
mauvaise peut lui occasionner et à la mise de
fonds considérable que nécessitent annuellement
le labourage et l'ensemencement des terres. Sa
principale spéculation consiste à proportionner
la production à la demande, à la varier suivant
les circonstances, à étudier le cours des denrées,
à choisir l'époque des ventes. Aussi n'est-ce pas
dans la classe des paysans que se trouvent des
hommes assez riches et assez instruits pour

exercer cette profession difficile et complexe.
Très-souvent les marchands de campagne possèdent eux-mêmes de vastes propriétés, qu'ils
administrent en même temps que les terres qu'ils
tiennent à ferme. Ils acquièrent alors une importance politique réelle, non-seulement comme
grands propriétaires et détenteurs de·capitaux,
mais encore par l'influence puissante qu'ils
exercent sur le prix des denrées. Ainsi, lorsque
par des règlements la liberté du commerce des
grains et des bestiaux est gênée, afin d'établir
un prix factice, les fermiers réduisent les cultures, les prix s'élèvent en raison de la moindre
abondance des produits, et le but qu'on se pro-
posait est manqué. Au contraire, quand ils sont
assurés d'un marché étendu, ils demandent à la
terre une plus grande quantité de grains.

Outre le ministro ou le massaro, le personnel
permanent de la ferme se compose d'une demi-
douzaine de paysans chargés de l'aider et d'obéir
à ses ordres. Dans les *masserie,* ou fermes de

bétail, ils parcourent la propriété du matin au soir, montés sur de petits chevaux aussi robustes que rapides, et, munis de ces longues piques avec lesquelles ils ouvrent les barrières, ils poussent les bestiaux, qu'ils comptent et font passer d'un pâturage à l'autre. Il y a aussi un nombre à peu près égal d'ouvriers qui restent à demeure dans la ferme pendant l'hiver et ne la quittent qu'au moment des fièvres. A cette époque, vers le mois de mai, le ministro lui-même fuit généralement vers la montagne, laissant la garde de la maison à quelque malheureux qui y végète pendant deux ou trois mois. Dans les *masserie*, il doit rester plus de monde, à cause des troupeaux à garder. Les hommes qui font ce métier depuis quelques années sont effrayants à voir, et leur triste état donne un démenti formel à ceux qui pensent qu'on pourrait soumettre ces terres à une culture continue.

Il importe donc que les travaux relatifs à la préparation de la terre, à l'ensemencement et à a récolte soient exécutés avec une rapidité extrême. Le plus sûr moyen d'atteindre ce but est d'employer un nombre très-considérable d'ouvriers. Aussi les marchands de campagne, à l'époque des travaux, en font-ils descendre par milliers des montagnes de l'Abruzze ou de la province d'Aquila, par l'appât d'une rétribution forte et assurée. Une concurrence des plus sérieuses s'établit alors entre les loueurs et entre les loués : ces derniers poussent souvent très-haut leurs prétentions, et rompent même quelquefois leurs engagements avec un fermier, s'ils en trouvent un autre qui leur offre des conditions meilleures. Ces défections sont extrêmement funestes pour ceux qui les éprouvent au temps de la moisson : quand on songe à la quantité des travailleurs qui prennent part à la fauchaison ou à la rentrée des grains, on comprend aisément combien la perte d'un seul jour peut être ruineuse et irréparable. Pour la préparation des terres, labourages, engrais, se-

mailles, etc., opérations qui ont lieu chaqu
année du mois d'octobre au mois de mai, o
emploie 20,000 ouvriers, dont une moitié e
fournie par les provinces pontificales, et l'aut
par le royaume de Naples. Pour la fauchaiso
la moisson et le battage des grains, de juin
août, 30,000. On leur donne ordinaireme
4 fr. par jour et la nourriture, en détermina
toutefois la durée de leur service. Ainsi, on l
engage pour onze jours pour la moisson, et leu
nombre est fixé en conséquence ; si le travail
prolonge, ils sont payés à la journée à un pr
très-élevé. Il est bien naturel qu'ils bénéficie
du besoin que l'on a d'eux, et des dangers rée
qu'ils affrontent ; ils travaillent du reste génér
lement avec ardeur pour regagner prompteme
leurs montagnes. Rien de plus curieux et
plus pittoresque que de voir ces bandes innon
brables de travailleurs descendre des montagne
principalement de la province de Frosinon
traverser l'Agro-Romano dans toute son éte

lue, et venir s'abattre sur ces champs de blés immenses, dont le plus petit contïent des cenaines d'hectares. Nous avons vu souvent plus de 200 de ces ouvriers rangés sur une même ligne, moissonnant en même temps un seul champ de blé, tandis qu'une dizaine d'hommes à cheval, placés immédiatement derrière eux, les surveillent et les encouragent. Quelques femmes et quelques enfants suivent ordinairement ces compagnies de travailleurs, dont les costumes variés indiquent des patries diverses et lointaines, et deux ou trois ânes ferment la marche, portant leur petit bagage et les chaudrons pour faire la *polenta*.

Les pâturages qui, en somme, sont ici comme partout le fond de la grande culture, occupent une étendue de 566,383 rubbia (1,046,861 hectares 93 ares), c'est-à-dire 2,886 rubbia (5,354 hectares 68 ares) de plus que le quart de la superficie totale des Etats pontificaux. 69,157 rubbia (127,829 hectares 79 ares) sont en prairie,

et 497,226 rubbia (919,072 hectares 53 ar
en landes recouvertes çà et là de broussailles.
y comprenant les forêts dans lesquelles les b
tiaux vont paître l'été (bien que ce soit là u
cause des plus fâcheuses de déboisement),
nombre des rubbia qui servent à nourrir le gi
bétail s'élève à 737,468 (1,363,135 hectares
ares). Quelques terrains peuvent nourrir pl
d'une tête par rubbio, d'autres une tête p
deux rubbia, en sorte que l'on peut établir
moyenne d'une tête par rubbio. Il en résu
que le gros bétail s'élève à 737,468 têtes, par
lesquelles 663,305 vaches et buffles, 59,1
chevaux et 15,000 mulets et ânes. Ajoutez à
chiffre 2,500,000 moutons, 320,000 chèvres
700,000 porcs, et vous aurez l'aperçu du bét
des Etats pontificaux, qui s'élèvera approxima
vement à 4,257,468 têtes. Un rubbio peut,
moyenne, nourrir 6 moutons, porcs ou chèvre
ainsi, en renversant l'opération qui m'a don
le chiffre total du gros bétail, je puis m'assu

qu'il faut environ 586,666 rubbia (1,084,393 hectares 43 ares) de terrain pour nourrir les 3,520,000 têtes de menu bétail. Ajoutant ces 586,666 rubbia aux 737,468 qui servent à la nourriture du gros bétail, j'obtiens un total de 1,324,134 rubbia (2,447,529 hectares 28 ares), c'est-à-dire bien plus de la moitié de la superficie totale des Etats romains employés presque spécialement (car il ne faut pas oublier qu'il entre dans ce chiffre une quantité de bois assez considérable) à l'élève du bétail, qui tient ainsi la place la plus importante dans l'agriculture des Etats pontificaux.

Les provinces où les pâturages sont les plus nombreux sont celles de Bologne et de Ferrare, et surtout l'Agro-Romano. Ils forment ce que 'on pourrait appeler les pâturages d'hiver, car pendant l'été l'herbe rare et brûlée de ces plaines n'offrirait plus aux bestiaux qu'une nourriture insuffisante et malsaine. Au mois de mai de chaque année, on voit tous les bestiaux de ces

provinces partir pour les montagnes de l'Om
brie, de la Sabine, de Marittima et Campagna
et même du royaume de Naples. Ils en revien
nent en automne, accompagnés des bestiaux d
pays qui leur a donné asile, et que la faim e
la neige chassent à leur tour de chez eux. Ce
échange continuel constitue un véritable systèm
de pâturages d'été et d'hiver, pratiqué dans tout
l'étendue des Etats romains. Au point de vu
économique, il leur est fort avantageux, car le
pâturages d'hiver des Etats pontificaux étan
très-supérieurs aux pâturages d'été du royaum
de Naples, les droits payés par les propriétaire
napolitains, principalement ceux de la Pouille
pour envoyer leurs bestiaux dans les campagne
romaines, dépassent de beaucoup ceux que les
Romains ont à payer pour envoyer les leur
dans les Abruzzes et dans la Calabre. Quant a
chiffre de ces immigrations, il est énorme. Ainsi,
pour l'Agro-Romano seul, le nombre des animaux, tant étrangers qu'appartenant aux exploi-

tations agricoles du pays qu'on y introduit pour
l'hiver, est de 7,000 têtes de gros bétail et de
165,000 moutons. Il nourrit, en outre, tous les
animaux de ses fermes qui ne sont presque toutes que des fermes de bétail. C'est là un fait qui
n'a pas besoin de commentaires et répond suffisamment à ceux qui nient la fertilité et la richesse de la Campagne de Rome. Dans les Etats
romains, les pâturages des montagnes sont préférables à ceux des plaines. Ceux-ci, abandonnés à eux-mêmes, sont extrêmement abondants,
mais de qualité secondaire. Ils sont âcres, mé-
langés d'herbes et produisent parfois, au printemps, une perturbation violente dans le tempérament des chevaux qui n'en ont point été
nourris dès leur jeune âge. Cette infériorité pro-
vient, sans doute, de la trop grande ancienneté
des prairies. Les foins conservés gardent longtemps encore de l'amertume; ils sont, du reste,
toujours cotés excessivement bas, et au commencement de l'occupation française, on en put

exporter en Algérie une quantité considérab
à des prix très-avantageux. Quant à l'excelle
système des prairies artificielles, il est ici con
plétement inconnu. C'est à peine si, dans les e
virons de Terracine, on trouve quelques cham
de trèfle rouge (*trifolium rubens*) ou d'esparcet
coronaire (*hedysarium coronarium*). Le trè
commun, le sainfoin, la luzerne, ne se renco
trent nulle part.

CHAPITRE III.

1°. — VÉGÉTAUX,

Les produits du règne végétal, dans les Etats romains, sont aussi abondants, aussi variés qu'en aucun pays du monde. Ils embrassent à la fois les richesses des climats tempérés et celles des climats chauds, et croissent avec une facilité si merveilleuse que l'homme pourrait presque abandonner à elle-même cette terre fertile qui le nourrit spontanément.

4*

Les forêts sont nombreuses et couvrent enco[r]
presque la cinquième partie des Etats ponti[fi]
caux. D'Ostie à San-Felice, sur le penchant [
Monte-Circeo, et vis à vis de Terracine, s'éte[n]
une suite non interrompue de bois immense[s]
qui prennent successivement les noms de forê[t]
d'Ostie, d'Ardée, de Porto-d'Anzio, de Nettun[o]
de Fogliano et de Cisterne. On est frappé, en l[es]
parcourant, de la beauté des arbres qui les co[m]
posent : chênes, châtaigniers, chênes-liége[s]
frênes, ormes, érables, chênes verts, dont la v[é]
gétation luxuriante, mêlée aux lianes et aux fo[u]
gères gigantesques, donne aisément une id[ée]
des forêts du nouveau monde. On se croirait a[ux]
premiers jours de la création. La forêt de Foss[a]
Nuova, au pied des monts Lepini, tient du m[er]
veilleux. Le plus beau chêne des marais Ponti[ns]
atteint rarement un prix plus élevé que 7 ou [8]
écus romains, 35 ou 40 fr. Aussi fournissent-i[ls]
chaque année, nos ports méridionaux d'une po[r]
tion considérable de leurs bois de constructio[n]

Les meilleurs, du reste, sont ceux des terrains secs ; ceux des plaines humides ne servent qu'aux travaux secondaires, et les plus recherchés pour la marine croissent épars sur les coteaux de l'Apennin. Les châtaigniers sont surtout communs dans les belles forêts du Cimino et du Soriano. Leur bois, très-dur, sert à la fabrication des douves et des stationades qui entourent les propriétés dans la Campagne ; leurs fruits donnent une récolte si abondante qu'on les emploie souvent à l'engraissement des porcs. Le hêtre est ici un arbre solitaire : on en rencontre des forêts entières sur le versant septentrional de presque toutes les montagnes. Le pin parasol, ou pin d'Italie, vient très-bien, surtout au bord de la mer ; il en existe une superbe forêt à Castel-Fusano, près d'Ostie. Le sapin est presque inconnu. Nous n'en avons jamais aperçu qu'un petit bois sur le versant nord de la montagne de Palestrine, et c'est probablement le seul de tous les Etats romains. L'exploitation du charbon est considérable. On l'exporte jusqu'en Espagne

En dehors des arbres forestiers, le mûrie
semble tenir le premier rang comme arbre util
et robuste. Le climat lui convient merveilleuse
ment, et c'est bien certainement le seul arbr
qu'on ait pu planter avec succès dans quelque
parties de la Campagne de Rome. La culture ei
est extrêmement répandue dans les province
adriatiques, et la nourriture qu'il fournit au
vers est tellement supérieure, que les soies de
Etats romains passent pour les meilleures et le
plus belles de l'Europe. Elles constituent un
branche très-importante de l'exportation; celle
de Fossombrone sont les plus recherchées sur l
marché de Londres.

L'olivier est également très-commun et attein
les plus belles dimensions dans les Etats pontifi
caux. Il croît également sur les terrains volcani
ques et sur les terrains calcaires, mieux pour
tant sur ces derniers. On le rencontre partout,
dans les provinces orientales et dans les provin-

ces occidentales, sous les murs de Rome et sur les versants d'Albano, dans les marais Pontins et sur les coteaux de Terni, dans les vallées et dans les montagnes. Partout il est sain, productif, et l'objet de soins intelligents. Les plus beaux oliviers de tous les Etats sont ceux des collines qui s'étendent de Tivoli à Castelmadama. Ceux que l'on trouve sur la route de Spolète et sur toutes les collines des Marches d'Ancône, etc., sont aussi magnifiques. Avec de tels éléments, on pourrait obtenir des produits d'excellente qualité ; malheureusement, l'art de la fabrication de l'huile est pour ainsi dire inconnu aux Romains. Préparées par eux, toutes ces belles olives donnent une huile des plus médiocres. Ils ne font pas même la distinction de l'huile à brûler et de l'huile à manger. La même huile sert aux deux usages. Néanmoins, cette branche d'industrie est très-développée dans les Marches. La mauvaise qualité de leur huile vient principalement de ce que, pour en obtenir davantage, ils

broyent ensemble la pulpe et le noyau. En n'é-
crasant que la chair de l'olive, comme le fo
quelques propriétaires des Marches, on obtie
de l'huile excellente.

La vigne mérite ici une attention toute part
culière. La position géographique des Etats r
mains, situés entre le 45ᵉ et le 41ᵉ degré de lat
tude, lui est spécialement favorable. Aussi peu
on à bon droit s'étonner que les vins des Eta
pontificaux soient généralement de qualité inf
rieure et constituent un article passif dans
bilan commercial du pays. Comme pour l'ol
vier, la matière première est excellente, mais
traitement est défectueux. La culture de la vig
est pourtant une de celles qui plaisent le pl
aux habitants ; c'est la seule que se permette
Romain, et Rome est tout entourée de vigne
On va à sa vigne, comme chez nous on alla
aux champs, par partie de plaisir, et chaqu
villa suburbaine porte écrit sur son entrée
Vigna di... et le nom du propriétaire. On prat

que à la fois dans les États romains deux méthodes de culture entièrement différentes : l'une,
employée généralement aux environs de Rome
et dans les marais Pontins, consiste à soutenir
les ceps à l'aide de roseaux que l'on fait pousser
tout exprès en très-grand nombre ; l'autre, pré-
férée dans les Marches et dans les hautes vallées
de l'Apennin, Terni, Rieti, etc., consiste à planter la vigne au pied des ormes, comme faisait
Virgile, et laisse les pampres courir de branche
en branche en replis gracieux. Dans les Marches, ce sont les aubiers (*oppi*) qu'on emploie au
soutien de la vigne. Ces deux méthodes ont chacune leurs inconvénients et leurs avantages ; il
ne faut pas se hâter de préférer l'une à l'autre.
Avec la première, on obtient ordinairement des
vins de meilleure qualité, mais elle nécessite une
certaine perte de terrain, chaque rubbio ne pouvant contenir que 3,500 ceps au plus, et la plantation spéciale de nombreux champs de roseaux,
cette dot de la vigne, comme on dit ici. Ce sys-

tème présente aussi l'inconvénient de rendre i
possible toute culture entre les rangs trop serr
de la vigne, en sorte que si la récolte vient
manquer, le vigneron se trouve complétemer
ruiné et sans espérance de compensation si
autre chose. La seconde méthode donne pre
que toujours des vins de qualité très-inférieure
mais elle est excellente pour combiner trois ét:
ges de récolte et mettre le cultivateur à l'ab
d'une perte trop considérable. Elle offre, en effe
cinq avantages : 1° les feuilles servent d'alimer
au bétail ou d'engrais au terrain : dans les Ma
ches, toutes les feuilles sont cueillies à l'automn
pour la nourriture des vaches ; 2° les arbres me
tent à l'abri du vent ; 3° les frais de culture so
bien moindres, et il n'est pas rare de voir dar
les Marches le vin à quatre sous le *boccale* (me
sure qui contient huit grands verres) ; 4° l'ébran
chement donne du combustible ; 5° le mêm
terrain peut être cultivé en céréales ou autre
plantes alimentaires. Les meilleures crus so

ceux de Genzano, Velletri, Viterbe, Orvieto, Montefiascone. Ce sont en général des vignes à *cannettes*. Agréables au goût et d'une belle couleur, ces vins sont sans corps et sans consistance et ne se conservent pas. Pour remédier à cet inconvénient, dont on triompherait sans doute par une préparation plus habile, on cuit le vin et l'on parvient ainsi à le garder un peu plus longtemps. C'est une exécrable boisson. Chaque cru fournit deux espèces de vin, l'*asciutto* et le *dolce*, le sec et le doux. Elles sont trop souvent aussi mauvaises l'une que l'autre. Il s'en fait néanmoins une grande consommation intérieure : tout le monde boit du vin à la ville et à la campagne, et cette abondance même fait que l'on ne voit jamais un homme du peuple s'enivrer. L'exportation est nulle. La fabrication des eaux-de-vie n'est pas plus perfectionnée que celle des vins : elles sont détestables. Cependant des efforts ont été tentés. Velletri, dont la situation *collibus in apricis* permet à la vigne de donner

ses meilleurs produits, avait depuis longtemp
déjà une société vinicole qui primait les vins le
mieux fabriqués. Plusieurs propriétaires com
mençaient à s'adonner avec ardeur à cette in
dustrie, qui est encore ici dans son enfance (
qui pourrait, plus tard, devenir une source d
richesse pour les Etats romains, où le raisin lui
même est de parfaite qualité. Un des fondateur
de l'Institut agricole avait même été en Franc
étudier la manière de faire les vins, et en avai
déjà fabriqué d'excellents, qui résistaient a
temps et à la mer, chose inouïe jusqu'alors. Cec
se passait en 1849. Il eut l'imprudence d'en dé
poser 250 barils et 4,000 bouteilles dans un
cave pratiquée sous un monticule aux environ
de Rome. Les bandes de Mazzini, qui campaien
alors dans la Campagne, découvrirent l'entrepôt
burent tout ce qu'elles purent boire et répandi
rent, selon l'usage, tout le reste sur le sol. L'es
sai n'alla pas plus loin, car cet esprit de persévé
rance, sans lequel on n'avance point en indus-

rie, et grâce auquel un Anglais ou un Américain fait sa fortune là où dix autres se sont ruinés avant lui, manque essentiellement aux Romains. Et qu'il nous soit permis de le dire en passant, c'est cela surtout qui les empêche de mettre à profit les excellentes idées que leur esprit vif et ingénieux leur suggère quelquefois. Ce sont, du reste, des hommes pratiques par excellence, et s'ils n'ont point de goût pour les expériences nouvelles, tout ce qu'ils entreprennent réussit généralement.

Je ne terminerai pas cet aperçu vinicole sans mentionner les intéressants essais que M. de Custines a tentés à Ciampigno, près de Frascati. Il y fait un vin qu'il transporte en France et qui réussit suffisamment.

Les arbres fruitiers sont les mêmes que les nôtres, mais leurs produits sont très-inférieurs. On serait tenté pourtant de croire le contraire : la fertilité du sol, la beauté du climat semble-raient promettre des fruits d'une qualité ex-

quise. Il n'en est rien; la main de l'homm
reste inactive, et la nature délaissée ne lu
fournit que le nécessaire. Tous les arbres son
en plein champ, l'espalier est inconnu, la taill
inusitée. On récolte les fruits encore verts pou
faciliter le transport en masse; aussi est-il rar
de rencontrer un fruit vraiment à point. Du reste
celui qui voudrait perfectionner les espèces
perdrait son argent et sa peine On ne payerait
à Rome, sous aucun prétexte, une poire plu
d'un sou et une pêche plus de deux. Le lux
de la table y est tout à fait nul, même dan
les meilleures maisons. Quant aux populations
elles sont habituées à un bon marché extrême
et, d'ailleurs, d'une sobriété exceptionnelle. Il
a cependant quelques arbres qui, sans le secour
d'une culture soignée, donnent d'eux-même
des fruits excellents, le figuier, par exemple
Les figues mûrissent deux fois dans l'année
celles du printemps sont fortes et colorées
celles de l'automne, petites, blanches et d'un

grande délicatesse. Les abricots sont aussi d'une grosseur et d'une qualité remarquables. On en achète cinq ou six pour un sou. Les limons et les citrons de Rome sont également renommés; ceux de Terracine sont prodigieux; ils sont tellement sucrés qu'on peut les manger comme une orange. Les grenades sont bonnes et très-communes. Les oranges mûrissent dans les jardins de Rome, et dans plusieurs parties des Etats pontificaux on voit des bois d'orangers, à Terni, par exemple, et à Terracine. C'est pourtant un article passif : la plupart des oranges qui se consomment dans les Etats romains, et il s'en consomme un très-grand nombre, viennent du royaume de Naples.

Parmi les plantes, toutes les céréales réussissent à merveille dans les Etats romains. La culture n'en est nullement négligée, comme pourrait le faire supposer la grande étendue des pâturages. Un million de rubbia (1,848,400 hectares) sont destinés tous les ans aux semailles. Il faut

excepter cependant un certain nombre de terrain
qui, par suite d'un assolement mal entendu
restent souvent plusieurs années sans produire

Le blé est d'une excellente qualité, et le pai
que l'on mange à Rome est certainement un de
meilleurs que l'on fabrique en Europe. Le
charrues sont pourtant bien primitives et légères
mais l'extrême fertilité du terrain semble sup
pléer à tout. Les seuls engrais sont l'incinéra
tion des chaumes, les semis de lupins et leu
enfouissement par la charrue au moment de
floraison. On n'emploie ni le plâtre ni la chau
quoique ces substances soient abondantes dan
le pays. La moisson se fait rapidement et
bonne heure; on coupe à la faucille, mais
grand nombre d'ouvriers employés à la fo
compense largement la perte de temps. On bat
l'aide de chevaux. Un seul homme placé au m
lieu de l'aire tient, par une longue corde, 2
chevaux couplés 4 par 4, et les fait alternative
ment passer sur les gerbes au pas et au trot. I

blé est un article actif. Les semailles basées
chaque année sur les prévisions, presque toujours justes, des marchands de campagne (car
leurs plus grands intérêts sont en jeu), donnent
invariablement une récolte suffisante aux besoins
de la population. Les disettes les plus mena-
çantes ont toujours été conjurées par ces habiles
cultivateurs. Il ne s'est jamais agi pour cela que
de laisser au commerce des grains la liberté la
plus entière ; et pour en donner un exemple
frappant, nous rappellerons ce qui s'est passé en
1676, sous Innocent XI, et plus tard sous Pie VII.
Le premier de ces papes avait cru maintenir
l'abondance dans Rome en fixant à 7 écus hors
des murs, et 8 écus dans la capitale, le prix du
rubbio de froment. Mais tandis qu'il pensait à
diminuer les prix, il enchaînait l'industrie dans
des entraves qui occasionnèrent bientôt une
grande pénurie de grains. Les marchands de
campagne, ne pouvant pas vendre leur blé à un
prix proportionné à leurs dépenses, n'en livrè-

rent plus qu'un dixième, et l'on dut, chos
inouïe, faire venir des grains de la Hollande
En 1817, au contraire, quand la cherté du pai
commençait à se faire sentir à Rome, Pie V
permit à tous de le fabriquer et de le vendre
Le nombre des fours, qui était de 72, s'élev
à 130, et le prix du pain diminua. Le sou
verain pontife prenait exemple sur le grand
duc Léopold de Toscane, qui avait conjuré l
famine de 1766 en proclamant la liberté illimi
tée du commerce des grains à l'intérieur. Mai
en 1817 la disette était générale en Italie, et l
gouvernement toscan, bien qu'il fût resté cons
tant dans ses principes, vit s'augmenter consi
dérablement le prix du pain. Il fit alors exécu
ter des travaux publics pour faire gagner au
pauvres de quoi l'acheter. A Rome, on n'eût pa
besoin de recourir à cette mesure : les mar
chands de campagne avaient augmenté leurs se
mailles, et ils surent fournir tout le grain néces
saire. Depuis ce temps, le prix du pain s'est tou

ours maintenu à un taux raisonnable, et si quelquefois il est devenu cher, c'est à cause l'un droit très-élevé que perçoit le fisc sur la mouture des grains. Ce droit de mouture (*dazio del macinato*) est de deux *scudi* et demi par rubbio, c'est-à-dire de presque un demi *bajocco* par livre, de 15 à 20 p. 100 de la valeur.

Le prix du pain se trouve ainsi augmenté d'un sixième et quelquefois même d'un cinquième. Depuis quelques mois la municipalité publie tous les huit jours un tarif du prix du pain, basé sur le prix moyen des grains à Rome. Cette mesure, motivée par les murmures de la population, qui s'étonnait de voir, depuis quelque temps, le prix du pain fort élevé, malgré les bonnes apparences de la récolte et la baisse des mercuriales, a produit déjà les meilleurs effets. C'est ainsi que le gouvernement pontifical vient d'entrer résolûment dans la voie que nous suivons en France à l'égard de la boulangerie.

Le riz se cultive avec assez de succès dans les

provinces qu'arrosent le Pô et ses affluents. Les rizières y figurent pour près de 2,000 rubbia C'est une plante qui demande une attention e des connaissances toutes spéciales. Dans les vallées où il n'y en a point encore eu, chaque rubbio de terrain peut en rapporter pendan les deux ou trois premières années jusqu'à 3(rubbia (87 hectolitres) (1) ; mais ensuite la récolte décroît jusqu'à 8 rubbia. Quand les rizières son devenues improductives, les habitants des Marches les laissent reposer incultes pendant plusieurs années. Je ne m'étendrai pas plus longuement sur cette culture, qui appartient exclusivement aux provinces adriatiques, les provinces méditerranéennes ne donnant pas de riz.

L'avoine n'est cultivée, dans les Etats romains, qu'en assez petite quantité. Elle ne forme pas, comme chez nous, la base de la nourriture des

---

(1) Le rubbio, qui est aussi une mesure de capacité, est égal à 2 hectol. 9 décal.

chevaux, pour lesquels elle est un peu trop échauf-
fante en raison du climat. Dans de très-grandes
villes des Etats pontificaux, à Rieti, par exemple, on ne trouve pas un litre d'avoine. A Rome,
elle est assez bon marché, mais sa qualité est
inférieure à la nôtre. On en récolte dans tous les
Etats 55,991 rubbia (162,373 hect. 9 décal.)
Aussi avons-nous été obligés d'en faire venir à
plusieurs reprises de France, quand le 11ᵉ dra-
gons faisait partie de la division d'occupation.

L'orge supplée ici à l'avoine pour la nourriture des chevaux. Elle échauffe moins et en-
graisse davantage. Nos troupes l'ont employée
de temps en temps avec assez de succès. Pendant les grandes chaleurs de l'été, elle convient
même peut-être mieux que l'avoine : on sait
que l'orge joue le plus grand rôle dans la nourriture des chevaux arabes. Elle est au même
prix que l'avoine. On en récolte 31,322 rubbia
(90,833 hect. 8 décal.) Elle n'entre jamais dans
la composition du pain.

Le seigle ne se cultive ici qu'en très-peti

quantité. On en rencontre quelques champs si

les coteaux pierreux des Apennins.

Le maïs, au contraire, tient une place in

portante dans la petite culture. On le rencontr

dans toutes les vallées de l'Apennin, où ses fil

hautes et bien alignées se prolongent au de

soûs des pampres et des ormes qui leur serve

d'appui (1). Sa culture est aussi perfectionné

que possible. Par sa taille, par la forme et l

couleur de son feuillage, il contribue spécial

ment à donner à ces vallées ce cachet particuli

d'élégance et de propreté qui les fait ressembl

à de véritables jardins. Le maïs entre dans l'a

solement des terres grasses : on le sème apr

une récolte de froment, pour profiter de l'ame

blissement de la terre. Cultivé tardivement, o

ne le récolte qu'à la fin d'août ou même e

septembre. Il exige des soins continus, et c'e

(1) *Gli olmi mariti* du Tasse.

pour cela qu'on n'en fait guère que dans les
pays sains. C'est la principale nourriture de la
population des montagnes. Il donne une sorte
de pain jaune et mat très-nourrissant et même
assez agréable au goût, quand il n'est pas trop
grossier. On le mange plus communément encore sous forme de *polenta*, c'est-à-dire en
farine délayée dans de l'eau et cuite dans un
chaudron.

Le millet est aussi une des plantes favorites
de la petite culture. Il est très-répandu à l'est.
A l'ouest, on le rencontre fréquemment dans
les vallées apennines, dans celle de Rieti, par
exemple.

Les textiles, le lin et le chanvre sont cultivés
avec intelligence et succès dans les Etats romains. Le lin donne chaque année une récolte
de 5,000,000 de livres (il faut considérer que
la livre romaine n'est que de 12 onces au lieu
de 16). Le chanvre donne environ 55,000,000
de livres. Sa culture est poussée au plus haut

degré de perfection. C'était autrefois, surtout dans la Romagne, une des branches les plus actives d'exportation. Mais, depuis 1840, elle est en souffrance, et la culture de cette plante diminue sensiblement. Cela tient à la faveur extrême que l'Angleterre et la France accordent depuis quelques années aux étoffes de coton, moins chères et plus chaudes. La dernière de ces puissances a, du reste, considérablement augmenté ses plantations de chanvre, et s'en trouve suffisamment pourvue par elle-même. Il sera donc difficile que la culture jadis si prospère du chanvre dans les Etats pontificaux se relève du coup qui lui a été porté.

Les plantes légumineuses, c'est-à-dire les plantes à gousses, lupins, fèves, pois, haricots, sont exploitées en grand dans les Etats romains. Le lupin entre souvent dans les trois étages de récolte des riches vallées de la Nera, du Velino et du Sacco. On en récolte 6,464 rubbia (18,745 hectol. 6 décal.) Il est acheté en grande partie par les Génois et les Toscans, qui l'emploient comme engrais.

Les fèves, que l'on cultive par champs immenses dans les marais Pontins, y atteignent des proportions merveilleuses. Elles sont de deux espèces. L'une sert de nourriture aux hommes, l'autre aux chevaux. La première produit 82,000 rubbia (237,800 hectolitres) ; la seconde, 27,000 rubbia (78,300 hectolitres). Ces fèves, préalablement concassées, sont une excellente nourriture pour les chevaux ; elles leur communiquent beaucoup de vigueur. Seules, elles seraient trop échauffantes, mais combinées avec l'orge ou l'avoine, elles donnent d'excellents résultats. Les Anglais qui séjournent à Rome les apprécient beaucoup. Les fèves de la première espèce sont très-recherchées par les Génois. Les haricots donnent par an 43,000 rubbia (124,700 hectolitres). Avec les fèves, ils occupent dans la nourriture du peuple la place que la pomme de terre y occupe chez nous.

Les légumes des Etats romains sont comme les fruits : d'une abondance et d'un bon marché dont on se fait difficilement une idée ; mais ils sont aussi, comme eux, de qualité généralement médiocre. Le maraîcher est complétement inconnu aux environs de Rome. On ignore ce que c'est qu'une couche ou un châssis, et les légumes croissent comme ils peuvent, à peine arrosés de temps en temps. D'ailleurs, une culture plus soignée ne donnerait pas au propriétaire un produit en rapport avec ses frais, car il ne trouverait pas d'acheteur.

Les choux communs et les choux-fleurs sont assez abondants dans les Etats pontificaux, mais c'est surtout une troisième espèce, le brocoli, chou vert d'un goût fort et nauséabond, qui y est cultivée en quantités énormes. Le brocoli est une des principales ressources alimentaires de la population romaine. On ne fait point du tout de colzas.

Les raves sont à peine connues : ce n'est guère

qu'à Torre-Nuova, dans l'Agro-Romano, qu'on a vu quelques champs de betteraves que le prince Borghèse avait fait planter pour ses vaches. Elles réussissaient du reste parfaitement.

Les artichauts se cultivent en grand ; ils sont d'une excellente qualité et tellement tendres, qu'on les mange frits en entier avec toutes leurs feuilles. Aux environs de Terracine, ils mûrissent en plein hiver.

Les pommes de terre sont rares et médiocres, les tomates excessivement belles et abondantes, les piments verts très-communs.

Les pastèques, le cocomero, les courges, les melons de toute sorte sont cultivés sur de grands espaces. On en fait une consommation considérable à Rome. Le cocomero surtout, sorte de gros melon allongé, vert au dehors, rouge au dedans, aqueux et d'un goût assez désagréable, est très en faveur parmi le peuple. L'été, les rues de Rome en sont pleines. Pendant la phase la plus sérieuse du choléra, il y a deux ans, une

6 *

ordonnance en avait expressément défendu la
vente dans l'intérieur de la ville. Aussitôt les
marchands de cocomero allèrent s'établir aux
portes et en dehors des murs, et leurs boutiques
n'en furent pas moins achalandées. Les melons
de Rieti ont une réputation méritée.

2º. — BÉTAIL.

Le bétail est sans contredit le produit le plus
important de l'agriculture dans les Etats pontificaux. Nous avons vu, à l'article des pâturages,
que plus de la moitié de la superficie totale des
Etats lui est réservée.

La race bovine, bœufs et buffles, compte
663,305 têtes. Ils rendent les plus éminents services pour les transports, pour la fabrication
du fromage, pour l'alimentation des habitants.
On en exporte un grand nombre dans le royaume
de Naples et en Toscane. Les provinces où cette

industrie a toujours eu le plus d'extension sont celles de Bologne, de Ferrare et surtout l'Agro-Romano.

Les bœufs de la Campagne de Rome sont d'une race toute particulière, qu'on ne retrouve qu'en Hongrie, sur les bords de la Theiss et dans les provinces danubiennes. Ils sont très-grands, bien proportionnés, plutôt légers que massifs, armés de cornes d'une prodigieuse longueur, fiers dans leurs mouvements, de pelage gris cendré. Leur prix moyen est de 50 écus (270 fr. environ). C'est un magnifique spectacle que de voir ces grands troupeaux manœuvrer dans la plaine. Bœufs, vaches, taureaux, tout est pêle-mêle. Ils sont souvent fort dangereux, surtout quand on est à pied; et lorsqu'ils ont commencé à décrire leurs grands cercles autour de vous, il ne reste qu'à se précipiter vers eux en agitant un chapeau ou un mouchoir et en poussant de grands cris, car si l'on attend qu'un taureau plus méchant que les autres se détache

de la troupe et s'élance, on est infailliblemen
perdu. Les vaches isolées qui ont mis bas son
plus terribles encore. Les femelles sont très-pe-
tites comparativement à la grandeur démesuré
des mâles. C'est, du reste, ce qui arrive ordinairement dans les pays chauds. Elles passen
toute l'année en plein champ, quelque froi
qu'il fasse, et suffisent à peine à nourrir leur
veaux. Aussi ne fait-on point de beurre et for
peu de fromages. Pour le lait que l'on consomm
dans la capitale, on a d'assez pauvres échantil-
lons à moitié suisses qui fournissent aussi le peu
de beurre nécessaire aux étrangers. La principal
opération que les marchands de campagne fon
sur les bœufs consiste à les acheter tout jeunes
à les engraisser et à les vendre ensuite pour l
boucherie. Dans les montagnes, la race bovin
est toute différente ; elle est bien plus petite e
de couleur variée, comme chez nous.

Les buffles commencent à disparaître peu
peu du sol de l'Italie. Déjà il n'en existe plu

ujourd'hui que dans cinq ou six fermes, et
eur nombre ne s'élève pas à plus de 3 ou 4,000.
Aussi ne sera-t-il peut-être pas sans intérêt d'en-
rer ici dans quelques détails au sujet de cette
ace. C'est une question débattue que de savoir
i le buffle est ou non indigène. La présence
l'ossements de buffles dans les dépôts fluviatiles
écents de la Campagne de Rome semble prou-
er que ces animaux habitaient les plaines ma-
écageuses qui bordent la Méditerranée, avant
nême l'apparition de la race humaine. On dit
epandant que le buffle fût amené pour la pre-
nière fois en Italie en 595, sous la domination
lombarde (1). Il s'y acclimata fort bien, et sa
rusticité, sa force prodigieuse, jointe à une do-
cilité presque égale à celle du bœuf, firent que
l'on s'attacha longtemps à en perpétuer et multiplier l'espèce. Sa tête carrée et velue, ses membres gros et courts, sa peau noire et presque

(1) *De gestis Longobard.*, lib. IV, cap, XI.

entièrement dénudée, ses cornes recourbées à
leur naissance, son regard sauvage, lui donnen
un aspect repoussant et féroce. Il s'apprivois
pourtant assez facilement et paraît même dou
d'une intelligence supérieure à celle du bœuf
il s'attache à l'homme qui le soigne habituellement et accourt docilement au nom qu'on lui a
donné à sa naissance. Comme le bœuf, il se
soumet au joug ; mais il tire des fardeaux bien
plus lourds et résiste plus longtemps à la fatigue
et au manque de nourriture. Il se plaît dans
l'eau, dans les marécages et nage parfaitement
aussi l'emploie-t-on souvent à curer les canaux
ou les étangs en le faisant nager derrière une
barque, d'où son gardien l'appelle par son nom
A la voix de l'homme, le pauvre animal suit tous
les mouvements de la barque, fait mille détours e
arrache avec ses jambes les longues herbes du
marais. C'est ainsi qu'il a joué un grand rôle
dans l'assainissement des marais Pontins ; il ser
encore aujourd'hui à en nettoyer les canaux. Le

lait des femelles est abondant, gras et parfumé : on en fait un fromage qui tient une place importante dans l'alimentation des Etats romains. On ne les trait qu'une fois par jour, le matin. Cette opération, assez curieuse du reste, a donné lieu à une fable absurde, née de la crédulité des voyageurs, et qui se trouve malheureusement reproduite en termes sérieux dans l'excellent ouvrage de M. de Tournon. «Pour traire les buffles femelles, y est-il dit, le gardien doit prendre des précautions, et se couvre ordinairement la nuit d'une peau de buffle fraîche pour se glisser sous le ventre de l'animal. » Il faut avouer que chaque vase de lait coûterait ainsi un peu cher. Le gardien doit certainement prendre des précautions, mais elles ne sont pas d'une nature aussi romanesque. Voici tout simplement ce que j'ai vu faire à la ferme de Tor'San Lorenzo, et ce qui se fait dans toutes les autres : les buffles femelles que l'on veut traire sont réunis dans un parc entouré de stationades ; leurs petits sont dans un autre parc adjacent, communiquant avec le premier par une porte. Un des gardiens prononce à haute voix, en chantonnant et en traînant sur chaque syllabe, le nom, ordinairement fort bizarre, d'un des buffletins. Celui-ci sort lentement du groupe des jeunes buffles et se dirige vers la porte. Le gardien la lui ouvre et la referme sur lui; le buffletin va aussitôt trouver sa mère au milieu du troupeau, dont elle est déjà à moitié sortie en entendant prononcer le nom de son petit, lequel nom est aussi le sien, et, pendant qu'il commence à téter, le gardien s'approche de la mère, lui attache les jambes de derrière avec une corde, et dès que le lait commence à tomber à terre en gouttes épaisses, il frappe de son bâton le petit buffle, qui s'empresse de passer dans un troisième parc, avec ceux qui ont déjà servi à la même opération. Pendant ce temps, un autre homme trait la mère, qui a bientôt rempli un énorme seau de son lait; puis il lui délie les jambes, et elle va retrouver son buffletin dans le troisième parc. Cette méthode, aussi bizarre qu'ingénieuse, a été nécessitée par cette circonstance, qu'il est impossible de traire les buffles femelles si le buffletin n'a pas d'abord fait couler les premières gouttes. Quatre ou cinq hommes sont occupés chaque matin à cette opération, de sorte que l'on peut traire trois ou quatre buffles à la fois. On procède, dans la journée même, à la fabrication du fromage. Le lait est jeté dans un grand baquet où l'on a mis de la présure ; dès qu'il se trouve suffisamment pris, on coupe cette caillebotte par tranches épaisses, on les met dans un autre baquet, et l'on verse dessus une grande quantité d'eau bouillante ; une demi-douzaine d'ouvriers assis autour du baquet font de cette pâte, rendue compacte par sa rapide cuisson, des boules blanches de diverses grosseurs, que d'autres plongent aussitôt dans l'eau froide et suspendent ensuite au plafond de la salle. Ces fromages, qui portent le nom d'œufs de buffles, à cause de leur

7

forme, se gardent extrêmement longtemps. L'on en vend chaque année pour 5,000 écus à Tor' San Lorenzo. Quelques buffletins sont aussi conduits à la boucherie; leur chair est excellente, supérieure même à celle du veau. Tels sont les services et les revenus qu'on peut tirer de cette race sobre et vigoureuse; on lui reproche cependant, depuis quelques années, d'abîmer les terres molles, qu'elle fouille profondément avec les pieds, et plusieurs propriétaires commencent à défendre à leurs fermiers d'avoir des buffles. Le gouvernement lui-même vient de les prohiber complétement dans toute l'étendue des marais Pontins, où la terre, plus molle et plus légère que partout ailleurs, pouvait souffrir davantage de leur présence; on n'y en amène plus que quelques-uns, qui servent chaque été à nettoyer le fleuve Siste.

A l'heure qu'il est, la totalité des viandes de bœufs et de buffles s'élève à 71,912,350 livres. Les vaches et les buffles femelles fournissent

8,000,000 de livres de fromage. On tire encore un important revenu de la graisse, des os et des cornes, et des 7,000,000 de livres de cuir que donnent chaque année ces races précieuses. Ce cuir est excellent; il s'en est fait des envois considérables pour l'armée de Crimée.

Les chevaux des Etats romains sont de deux espèces bien distinctes, l'une très-grande, forte et massive, l'autre beaucoup plus petite, plus légère et plus souple. Toutes deux sont résistantes et d'un excellent service. La première est celle de ces carrossiers de haute taille qui traînent les pesantes voitures du sacré collége et dont la race du cardinal Fesch fut un des spécimens les plus remarquables. Un poil long et brillant, et ordinairement de couleur noire, des yeux vifs et sains, la poitrine ouverte et profonde, le rein droit, les hanches sorties, la croupe avalée, les membres très-forts, les boulets garnis de longs poils, sont ses principaux caractères. La seconde comprend le cheval de

selle et de trait léger. Elle est bien proportion-
née, quoiqu'un peu lourde, et, sans avoir de
distinction, ne manque pas toujours de grâce :
l'œil est limpide et plein de feu, les naseaux
dilatés, la tête légèrement busquée et d'une
expression un peu sauvage, le garrot trop bas,
le rein droit et court, ce qui est le véritable secret de sa force, la croupe basse, les membres
secs et nerveux, les jarrets larges, les pieds
petits, la corne excellente, la robe généralement
grise ou noire, la crinière et la queue très-four-
nies. Les Etats romains sont dans les meilleures
conditions pour l'élève des chevaux, cette branche importante de l'agriculture qui fait la force
d'une nation et peut en même temps devenir
un des éléments les plus actifs de son commerce
extérieur : des pâturages nombreux qui pro-
mettent économie de nourriture et de soins, un
sol ni trop humide ni trop sec, qui donne aux
chevaux du pays cette corne si saine et cette
heureuse conformation du pied qui fait leur

merveilleuse adresse, voilà des avantages qu'on ne rencontre pas communément, et dont il serait impardonnable de ne pas profiter. Le gouvernement n'entre ici pour rien dans la production chevaline ; et cela se comprend dans un pays où il y a encore d'assez grands propriétaires pour entretenir chez eux des haras et des jumenteries. Les princes romains, comme les lords anglais, consacrent une partie de leurs revenus à l'élevage : c'est un impôt qu'ils payent à la patrie, c'est la rançon de leurs priviléges. Malheureusement, ils ne s'y abandonnent pas avec le même goût, avec la même ardeur que nos voisins d'outre-Manche. Ils sont généralement peu cavaliers et ne montent guère à cheval que pour visiter leurs terres ou faire quelque tranquille promenade, plutôt par hygiène que par plaisir. Ils n'ont pas davantage le goût des chevaux de luxe pour la voiture, et, à part les sommes fixes et assez fortes qu'ils consacrent de père en fils avec persévérance à

l'entretien de leurs haras, ils donnent peu d'im-
pulsion à l'élevage. Ce sont eux pourtant qui
font tout à eux seuls, et l'on doit leur en savoir
bon gré. Les races Piombino, Borghèse, Rospigliosi, Doria, Rignano, Chigi, etc., répandent
chaque année dans le commerce un grand
nombre de chevaux peu élégants quelquefois
mais infatigables au service. Et puis, il y a de
nobles exceptions : le prince Borghèse et ses
deux frères s'occupent tout spécialement et par
eux-mêmes de l'amélioration de leur race : ils
ont cherché à lui ôter un peu de sa lourdeur et
à lui donner plus de grâce par l'introduction
progressive et réglée du sang étranger. Ils ont
obtenu d'excellents résultats et ils possèdent
aujourd'hui de petits chevaux de robe baie, au
poil fin, à la tête carrée, au garrot plus sorti,
la queue mieux attachée, qui joignent une certaine élégance aux qualités de la race romaine.
D'autres ont moins bien réussi, pour avoir voulu
mieux encore, en poussant trop loin les croise-

ments : le climat, qui a la plus grande influence sur la conformation des chevaux, convient mal au cheval de pur sang anglais. Il est à remarquer que les races du Nord s'acclimatent moins bien dans les pays du Midi, et y donnent surtout de moins bons produits que les races du Midi dans les pays du Nord. Un éleveur romain, qui avait amené quelques beaux et bons chevaux de pur sang anglais, n'a obtenu d'eux que des produits mal conformés ; des croisements qu'il a tentés ensuite et dans lesquels il faisait entrer une trop grande quantité de sang, n'ont pas beaucoup mieux réussi. D'un autre côté, l'élevage dispendieux de ces animaux, plus délicats et mal acclimatés, lui a coûté des sommes énormes. Il a remporté pourtant quelques succès dans les courses qui ont lieu chaque année après Pâques, grâce à l'active coopération des étrangers qui habitent Rome. On contribuerait, il nous semble, plus efficacement à la régénération des races romaines, au moyen du cheval

arabe dont elles sortent très-probablement, e
dont le sang s'introduisit d'ailleurs bien souven
en Italie, lors des incursions des Maures a
moyen âge. L'amélioration des races du Mid
doit être confiée au pur sang arabe comme l'a
mélioration des races du Nord doit l'être au pu
sang anglais. Hors de là, tout n'est que tâton
nements et expériences coûteuses. C'est dan
cette voie que le gouvernement pontifical devrai
essayer de faire entrer les éleveurs en les
aidant. Ce serait là le rôle vraiment utile qu'i
pourrait jouer dans la production chevaline
Avoir quelques beaux étalons arabes, dont l
prix de saillie ne serait pas trop élevé, mai
auxquels on ne présenterait que des jument
soumises à un examen préalable et réellemen
dignes de concourir à la régénération de leu
race; établir des concours pour leurs produit
et fonder quelques prix de courses, voilà l'appu
que le gouvernement pourrait prêter à l'industrie privée et qui serait fécond en bons résul-

tats. N. S. P. le pape Pie IX semblait l'avoir compris quand il établit en 1848, à un mille de Rome, un petit haras composé de quatre magnifiques étalons arabes que le sultan lui avait envoyés en présent. Malheureusement, la révolution vint tout bouleverser, le petit haras comme le reste; il disparut avec l'idée qui avait présidé à son établissement, en vertu de cette loi fatale qui veut que les hommes qui renversent ou qui détruisent soient éternellement impropres à reconstruire ou à créer. Ce n'est pas tout que produire le poulain, il faut en faire un cheval; son éducation, les soins à lui donner sont de la dernière importance, car ils le détermineront en bien ou en mal. Tout est là, parce que de là dépend la bonne vente. On voit ici comme partout de beaux chevaux, mais mal dressés, se vendre à des prix dérisoires, tandis que des bêtes bien moins remarquables, mais qu'une première éducation mieux entendue a rendues plus dociles, atteignent souvent des prix qui

dépassent de beaucoup leur valeur. Il faut m
heureusement l'avouer, l'éducation des poulai
est ici fort mal entendue. L'immensité des pât
rages, la douceur du climat, qui permet a
chevaux de passer la nuit en plein air, en so
la raison, sinon l'excuse. Les trois quarts (
chevaux de luxe sont vendus presque sauvag
quant aux chevaux de race plus commune,
le sont tous. Le progrès le plus réel que pût fai
en ce moment l'industrie chevaline, serait ass
rément de consacrer quelque chose à la pi
mière éducation. Dès l'âge de trois ans,
assujettit les chevaux à la fatigue, on les so
met aux plus rudes travaux de la selle ou de
voiture. Cette méthode leur ôte de la durée
de la force : elle tient au préjugé qui empêc
de les castrer. Si on les rendait hongres à tr
ans et qu'on les domptât à quatre, nul dou
qu'ils n'acquissent beaucoup plus de valeu
Outre les 59,000 chevaux renfermés dans l
haras, on peut compter qu'il en existe chez l

articuliers plus de 20,000. La production
nnuelle s'élève à 10,238 poulains et autant de
ouliches. L'industrie chevaline prospère sur-
out dans la plaine de Rome et les provinces de
iterbe à Civita-Vecchia. C'est avec Naples et
a Toscane que le commerce des chevaux est le
lus actif; 3,000 de ces animaux sont envoyés
annuellement à Naples. Le prix du cheval romain varie de 500 à 1,000 fr. On peut avoir
our cette dernière somme une excellente bête.

Les mulets rendent d'immenses services pour
e transport des denrées dans les montagnes et
lans les traverses. Un bon mulet coûte ici de
25 à 30 écus. Il n'existe pas de province, dans
les Etats romains, où l'on se livre spécialement
à l'élevage des mulets. Les paysans des montagnes les élèvent suivant leurs besoins. Dans les
Marches, il y a dans chaque *masseria* trois ou
quatre juments mulassières que l'on fait saillir
par des baudets. Le paysan préfère généralement l'élève du mulet à celui du cheval,

parce que le mulet coûte moins et se vend plu

jeune.

Les ânes sont, comme les mulets, élevés a

hasard par les paysans des montagnes, et ren

dent également les plus importants services. Il

coûtent de 10 à 20 écus. La race est petite, ré

sistante, infatigable, et se multiplie avec un

facilité prodigieuse. Nous ne croyons cependan

pas que le nombre des mulets et des ânes réuni

excède 15 à 20,000.

Les moutons sont fort nombreux dans les Etat

pontificaux. On en voit dans la plaine de Rom

des troupeaux immenses. Il y en a sans dout

beaucoup d'étrangers qui viennent principa

lement du royaume de Naples passer l'hiver

comme les bœufs dans les marais Pontins ou dan

l'Agro-Romano, et qui, pendant l'été, retournen

dans leurs montagnes, accompagnés de ceux de

vastes plaines des Etats romains. Mais ces Etat

en contiennent à eux seuls 2,500,000. Sobres

et d'un tempérament vigoureux, ces animau

sont aussi d'une extrême fécondité : une ferme de 1,000 moutons donne 700 élèves par an. La race ovine des Etats pontificaux est directement issue des mérinos que Pie VI fit venir d'Espagne. Aussi est-elle d'une excellente qualité. On voit dans les troupeaux un grand nombre de moutons noirs ou bruns sortis probablement de croisements avec les races de barbarie. Un mouton vaut de 30 à 35 fr. Dans les Marches, on les mange plus fréquemment quand ils sont encore agneaux, et leur chair se vend alors au poids. 34,083,325 livres de viande, 30,000,000 de livres de fromages, parmi lesquels ceux que l'on nomme ricotta et casciotta-fiore sont excellents ; 6,000,000 de livres de laine et 2,000,000 de livres de peaux, tels sont les produits fournis annuellement par les moutons des Etats romains. La laine est en particulier une source importante de richesse et une branche active d'exportation. On la traite principalement dans les provinces de Frosinone, d'Anagni et de Segni, où cette industrie remonte à la plus haute antiquité : Jupiter Lanarius y avait un temple.

Les chèvres, au nombre de 320,000 dans les Etats pontificaux, sont la grande ressource des pays arides. L'espèce est belle, grande et rustique. Leur lait est excellent et parfumé par les plantes aromatiques dont elles se nourrissent, le thym, les cytises, etc. Il est presque exclusivement en usage, car le lait de vache est inconnu hors des grands centres de population. Les dégâts forestiers que les chèvres peuvent commettre dans les montagnes boisées sont largement compensés par les 3,000,000 de livres de viande, les 5,000,000 de livres de fromage et les 270,000 peaux qu'elles donnent chaque année.

Les porcs, qui sont excessivement nombreux dans les Etats romains, y réussissent admirablement. Il y a des fermes, autour de Cisterne, par exemple, où l'on en élève plus de 3,000. Au mont Circé, il en existe tout un village. La race est petite, tantôt noire, tantôt grise, tantôt à poils rougeâtres, rudes, hérissés, presque semblable au sanglier par ses formes et sa férocité. Elle fournit 60,000,000 de livres de viande, chiffre énorme et presque égal à celui des viandes de bœufs et de buffles. Les jambons de Frascati sont particulièrement en renom.

On voit, par ce rapide aperçu des produits du bétail, qu'ils sont encore plus importants que ceux des végétaux.

CHAPITRE IV.

RÉSULTATS.

—

1° Pour le producteur ; — 2° Pour le consommateur.

1°. — POUR LE PRODUCTEUR.

Le bien-être d'une nation dépend, en grande
partie, du bon marché des denrées, qui dépend
lui-même du degré de prospérité agricole. L'a-
griculture consiste à provoquer les agents naturels de façon à en faire sortir les produits les
plus nombreux et les plus parfaits ; puis les arts

les rendent propres à servir aux divers besoins de l'homme ; le commerce les porte des lieux où ils abondent aux lieux où ils manquent ; l'industrie, enfin, est un nom générique qui signifie désir de gain sur une de ces trois opérations. Epargner le temps, les frais et la fatigue, tel est donc le but auquel le producteur doit viser sans cesse afin de pouvoir livrer au consommateur les denrées au meilleur marché possible, et réaliser en même temps pour lui-même un bénéfice suffisant.

Chaque fonds a besoin d'une avance correspondante à l'usage auquel on le destine. Les avances consistent généralement en bestiaux, en avances préparatoires d'une saison pour une autre, en semences, etc. Pour les terrains à semailles, elles peuvent être évaluées ici au sextuple de la rente. Dans les pâturages, la valeur des bestiaux capables de les consommer n'est que triple du revenu, et dans les terrains boisés, les travaux nécessaires n'en excèdent pas le dou-

ble. Le producteur a donc tout intérêt à con
server beaucoup de pâturages et de bois. Il l
fait généralement dans les Etats pontificaux e
s'en trouve bien. Chaque terre ainsi cultivé
rapporte à son propriétaire 7 ou 8 p. 100, et l
fermier y fait encore de bons bénéfices. Auss
les capitaux les plus importants se consacren
ils à l'agriculture, soit à acheter des terres im
menses, soit à les affermer en grand et à le
munir. de tous les meubles nécessaires.

Les résultats pour le producteur sont don
excellents, au moins dans la grande culture
Dans la petite, la propriété très-divisée suffit
la subsistance du paysan possesseur, mais guèr
au delà. La population trop pressée sur un peti
espace se gêne, fatigue la terre et n'en peu
tirer que de médiocres produits.

2°. — POUR LE CONSOMMATEUR.

Le consommateur se trouve encore mieux

s'il est possible, de l'état actuel de l'agriculture dans les Etats romains. Les denrées y sont abondantes et à un prix extraordinairement bas; les disettes pour ainsi dire inconnues. Ainsi, celle de 1811, si terrible en France et dans la haute Italie, ne fut pas sensible à Rome, qui ne cessa de verser d'énormes quantités de grain sur les marchés du littoral. Il n'est point, en effet, de pays où l'on voie une application plus régulière et plus constante de cet axiome célèbre : la production suit toujours la marche de la consommation; preuve évidente des nombreuses ressources que renferme l'Etat romain et qu'il développera insensiblement au fur et à mesure que s'accroîtra sa population, qui augmente lentement, il est vrai, mais qui augmente régulièrement chaque année. N'est-ce point là un heureux avenir? N'est-ce point là la vraie richesse, laquelle n'a rien de commun avec la richesse apparente de ces contrées soi-disant florissantes, qui tremblent sans cesse de ne plus pouvoir nourrir leurs propres enfants?

La quantite de blé ensemencé chaque année est plus que suffisante pour la population, puisqu'il s'en exporte dans les années mêmes de mauvaise récolte; l'alimentation des classes pauvres est extrêmement facile. On n'a jamais d'exemple d'inanition. Cette facilité nuit peut-être au développement de l'énergie des races, mais c'est une grande source de bien-être pour un peuple et une des plus sûres garanties de tranquillité pour un gouvernement. A l'ouest l'alimentation animale est bien plus répandue qu'en France, et le paysan, qui bien souvent chez nous ne mange de la viande qu'une fois par semaine, en mange ici presque tous les jours. Sous ce rapport, les provinces occidentales des Etats pontificaux sont comparables à la Saxe, à la Suisse et à l'Angleterre. Le lait, le beurre, le fromage se vendent à des prix moitié moindres que les nôtres; le bois est pour rien, au cœur même de l'hiver.

Maintenant, si nous demandons le secret de
out ce bien-être, la grande culture nous répon-
dra qu'elle fournit par an 169,099,675 livres de
viande de boucherie, et qu'elle seule conserve
dans les marais Pontins ces vastes forêts, aussi
antiques que le sol, dernier rempart contre le
mauvais air, et que les anciens consacraient à
des divinités, comme unique moyen d'en assurer la préservation.

La conclusion est bien facile : à en juger par
les résultats, l'agriculture en général suit, dans
les Etats romains, une marche satisfaisante, et
la grande culture en particulier y est singuliè-
rement appropriée à la nature du sol et des
habitants. L'avenir des Etats pontificaux est,
suivant nous, dans la grande culture. Cependant, dira-t-on, elle semble nuire à l'accroissement de la population et laisse déserts beaucoup
de terrains où pourraient habiter des milliers
d'hommes. Qu'importe, si le peuple qui y vit
est plus heureux? L'augmentation de la popu-

lation n'est un avantage qu'en tant qu'elle e
la conséquence de l'augmentation des moyei
d'existence.

Parce que le pays B contient 500 individu
par mille carrés, tandis que le pays A n'en coi
tient que 300, dois-je en conclure que les hab
tants du premier sont plus heureux que l
habitants du second? dois-je faire des repro
ches au gouvernement du pays A et donner d
éloges à celui du pays B? admirer l'industrie d
l'un et censurer l'inertie de l'autre? En aucui
façon. Les seuls inconvénients vraiment regre
tables qui puissent résulter pour un pays de l
faiblesse de sa population, relativement à so
étendue, sont : la souffrance que doit éprouve
le commerce par suite des frais plus grands d
transport et l'affaiblissement de la force phys
que et morale du gouvernement qui doit, ave
les mêmes moyens, couvrir une superficie plu
grande. D'ailleurs nous avons établi, dès l
commencement de cette Étude, que la popul

on des Etats pontificaux est, à fort peu de
iose près, égale à celle de la Toscane, de la
ardaigne et du royaume de Naples, relativement à l'étendue respective de ces Etats. Nous
ourrions même ajouter, sans crainte de porter
n faux jugement, que la grande culture seule
su rendre productives et un peu moins dé-
ertes ces vastes solitudes qui s'étendent de Ter-
acine à Civita-Vecchia.

La supériorité de la grande culture dans les
Etats romains, consacrée par l'expérience des
iècles, se trouve en même temps d'accord avec
es plus saines théories agricoles. Basée sur deux
rincipes féconds, l'association des forces et la
livision des travaux, elle dispose en même
emps de capitaux immenses. Elle peut exécuter
avec la plus grande rapidité les travaux qui ont
besoin de promptitude; elle peut améliorer un
genre en s'y adonnant exclusivement; elle peut
profiter de mille circonstances, dont les avantages seront perdus pour la petite culture, qui

ne saurait disposer que de faibles sommes à
fois. En effet, les dépenses de la petite cultu
sont incessantes et de toute sorte, ses bénéfi
moins assurés. Supposons un instant une *tenu*
(on appelle ainsi une vaste étendue de terre ré
nie sous la même main, transformée en plusieu
colonies. Les besoins vont se multiplier d'u
manière effrayante. Chaque colon doit avoir
fontaine, ses bœufs, ses chevaux, son fourrag
ses fèves, son blé, son orge, son avoine, qu
doit lui-même battre, vanner, etc. Il passe co
tinuellement d'un travail à un autre, ce qui l'e
pêche de se perfectionner dans aucun. Aussi to
ses travaux sont-ils moins bien faits et plus co
teux, le labourage, par exemple. Il faudra da
chaque colonie presque autant de bâtiments q
sur la *tenuta* elle-même, et les nombreuses co
structions sont ruineuses pour le propriétaire.
faudra une vaste cour à chacun pour servir
point de réunion, pour charger, décharger, e
Chaque héritage devra s'entourer de fossés,

haies, être coupé de routes, de sentiers. La
perte de tous ces terrains réunis surpasse certainement ce que les colons peuvent cultiver de
plus. La petite quantité des produits rend le
choix et la séparation des diverses qualités tout
à fait impossibles. Aussi les denrées répandues
dans le commerce sont-elles nécessairement in-
férieures. L'élève du bétail n'est pas moins com-
promis. Chaque colon ne peut avoir le taureau
et l'étalon, et perd un temps précieux à y conduire ses vaches et ses juments. Le lait obtenu en petite quantité, en raison du petit nombre des vaches, occasionne une nouvelle perte
de temps pour être porté au lieu de la vente, et,
si l'on fait du fromage, il sera presque toujours
mauvais, parce que tout le monde ne peut avoir
l'art de le fabriquer. La multiplicité des rap-
ports moraux et matériels augmente les procès,
les discussions, les dépenses. Si, au lieu d'une
tenuta, vous avez vingt colonies, voilà multipliés
vingt ~~fois par~~ eux-mêmes les contrats entre pro-

priétaires et fermiers, les actes auxquels donnent
lieu les ventes, les achats, les transports, les
dépôts de denrées et les autres opérations. Les
contestations pour les limites, les passages, les
cours d'eau et les autres servitudes se renou-
vellent à chaque instant. Les économistes de nos
jours s'accordent à reconnaître les principes sui-
vants comme les meilleurs en agriculture :
épargner le temps, la fatigue, la main-d'œuvre,
la matière première, l'espace et les bâtiments,
choisir les terrains aptes aux différentes cultures,
leur faire produire la plus grande quantité et la
meilleure qualité de produits possibles, diminuer l'emploi des capitaux et amoindrir les dépenses. La petite culture méconnaît constamment ces principes; elle s'oppose à tout perfectionnement, à toute simplification. Pourquoi les
produits de nos manufactures sont-ils supérieurs
à ceux des manufactures romaines et en même
temps meilleur marché? C'est à cause de la
grandeur et de l'organisation de nos établisse-

ments, qui permettent d'essayer de tous les procédés, à cause de la division des travaux, qui facilite et rend plus parfaites toutes les opérations qui dépendent de la main-d'œuvre, à cause enfin de l'association des forces, qui produit toujours l'économie. Le même rapport existe ici entre la grande et la petite culture. Qui pourrait, après cela, s'étonner de la supériorite de l'une sur l'autre? Je dirai, en terminant, qu'il est à remarquer que les économistes qui ont pris part pour la petite culture appartiennent, presque tous, à la seconde moitié du dernier siècle, à cette époque de mouvement et d'agitation universelle, où les esprits semblaient irrésistiblement entraînés vers les utopies.

DEUXIÈME PARTIE.

FERME DE L'AGRO-ROMANO ET DES MARAIS PONTINS.

9 *

CHAPITRE PREMIER.

FERME EXCLUSIVEMENT CONSACRÉE AU BÉTAIL.

Tout au bord de la mer, entre les ruines de l'antique Ardée et du port d'Antium, aux lieux mêmes où Turnus combattit contre Enée, se trouve aujourd'hui une vaste ferme appartenant au prince Torlonia. Elle porte le nom de Tor' San Lorenzo, et passe à bon droit pour une des plus belles de l'Agro-Romano. J'eus l'occasion de la visiter au printemps dernier, et les renseignements que j'y puisai me raffermirent de

plus en plus dans l'idée que je m'étais faite de
la grande culture dans les Etats du saint-père.

A Tor' San Lorenzo, les bâtiments sont peu
nombreux : une maisonnette à deux étages pour
le massaro (1); une vaste rotonde entourée de
murs épais et couverte en briques, pour faire
le fromage et loger vingt ouvriers qui restent à
demeure dans la ferme, deux granges et deux
étables. Un beau mur d'une prodigieuse longueur sépare les pâturages du bord de la mer
des pâturages plus secs qui s'étendent jusqu'au
pied des collines d'Ardée.

Trois mille têtes de gros bétail sont répandues
çà et là sur la tenuta : 1,500 vaches et 500 veaux,
500 buffles et 180 buffletins, 60 chevaux, 7 poulains de 3 ans, 14 de 2 ans et 19 d'un an. Les
vaches sont uniquement destinées à la boucherie, ainsi que leurs veaux, qui consomment

(1) C'est le nom du ministro dans les exploitations
de bétail.

tout le lait. On ne peut obtenir dans la ferme un verre de lait de vache, et l'on fait venir de Rome le beurre que l'on y mange. Les buffles femelles, au contraire, outre les 180 petits qu'elles doivent nourrir, ont à fournir le lait qui se consomme à la ferme et les nombreux fromages qu'on y prépare. On en fait chaque année pour 5,000 écus, près de 30,000 fr. Quelques buffletins sont vendus pour la boucherie ; on garde les autres pour remplir les vides. Cependant, à l'instar de plusieurs autres propriétaires qui reprochent aux buffles d'abîmer les terres molles, le prince Torlonia a mis comme condition au renouvellement du bail de Tor' San Lorenzo, que le massaro n'y entretiendrait plus de buffles.

Le fermier de Tor' San Lorenzo achète un grand nombre de bestiaux pour les engraisser, puis les revendre ; c'est là sa principale spéculation, la source la plus sûre de ses revenus.

Il loue pendant l'hiver, à des bergers du

royaume de Naples, une étendue de terrain (
peut nourrir au moins **7,000** chèvres ou breb
Le prix est fixé uniquement pour ce droit
pacage : il est de **1,000** écus. Le nombre (
animaux ne l'est pas, et l'on y en amène u
quantité énorme lorsque l'herbe est abondan
Réciproquement quand arrivent les chaleurs
l'été, le massaro se voit obligé lui-même
louer des pâturages pour ses génisses d'un a
qui ne pourraient supporter la grande sécheres
de la saison. Il les envoie habituellement po
trois mois dans des prés situés derrière la vi
Spada, à deux milles de Rome, à plus de dou
lieues de la ferme.

Outre le produit du bétail, une petite for
qui fait partie de la tenuta, fournit, avec le b
nécessaire à l'exploitation, un certain nomb
de *sommes* de charbon qui se vendent chacu
de **12** écus et demi à **13** écus. Le reste de la f
rêt est loué à un autre fermier.

La ferme de Tor' San Lorenzo est toujours e

etenue dans l'état le plus parfait de propreté et e conservation : on y sent la vie, l'aisance qui e laisse rien dépérir et qui améliore sans cesse. ne pierre ne se détache pas d'un mur, une sta-onade ne se brise pas qu'elle ne soit immédia-ement remplacée. Tous les ans, un architecte, nvoyé par le propriétaire, vient inspecter les àtiments, les murs, les hangars, les éta-les, et constater s'ils sont dans le même état u'au commencement du bail. L'administration ntérieure ne se fait pas avec moins d'ordre et e régularité. Un comptoir ou *dispensa* est éta-li à Rome pour l'écoulement de toutes les den-ées de la ferme et pour son propre approvi-ionnement. Deux fois par semaine, un voiturier 'y rend de Tor' San Lorenzo, et rapporte à la erme lettres et vivres.

Chaque matin, le massaro monte à cheval et arcourt sa tenuta, examinant les travaux ou 'état de son bétail; sa vie est rude, fatigante; la ièvre a ruiné sa santé, et cependant il aime son état et s'y livre avec ardeur. Il est riche, fo

riche, mais il sent que cette terre que les voy

geurs qualifient de stérile et désolée peut l'e

richir encore lui et son maître. Quelques chi

fres que nous avons recueillis avec la plu

scrupuleuse exactitude vont en donner u

idée.

Le prince Torlonia a payé la terre de To

San Lorenzo 200,000 écus, c'est-à-dire 1 mi

lion de francs. Dans ce prix, on doit faire e

trer celui du bétail qui s'y trouvait pour u

somme de 40,000 écus (200,000 fr.); reste

160,000 écus (800,000 fr.) pour la terre qui e

de 2,500 rubbia (4,621 hectares); le terrain

donc été payé à raison de 173 fr. 12 c. l'hectar

Sur les 2,500 rubbia dont se compose la tenut

il y a 2,000 rubbia de prairies et 500 rubb

de bois. Le fermage est de 12,000 écus (60,0

francs), et sur les bois à charbon qu'il afferm

à part, le propriétaire gagne encore 1,000 écu

(5,000 fr.). En somme, le revenu de la ferm

est pour le propriétaire de 65,000 fr. Il l'a achetée 800,000 fr. Il a donc placé ce capital à plus de 8 p. 100.

Quant au massaro, voici quelles sont ses dépenses et quelles sont ses recettes. Il estime à 9,000 écus les frais d'exploitation, 200 écus pour ses fossés, 600 écus pour l'extirpation des mauvaises herbes, 300 écus pour trois mois de nourriture de ses génisses à la villa Spada, etc., etc. Il a en outre un associé qui lui a avancé les 40,000 écus pour l'achat des bêtes du prince Torlonia, dont il paye l'intérêt à 5 p. 100, ce qui fait 200 écus. Ajoutons-y les 12,000 écus de loyer, et son passif s'élèvera à 23,000 écus (115,000 fr.). Le produit de la tenuta doit donc dépasser, et peut-être de beaucoup, ce chiffre, car, bien que le massaro nous ait assuré que, depuis trois ans, il ne faisait que balancer ses comptes, on sait que les fermiers, ici comme partout ailleurs, sont toujours tentés de diminuer en paroles leurs bénéfices réels. Quoi qu'il en soit, son actif se compose de 5,000 écus de fromage de buffles, 1,000 écus de loyer de pacage, que lui paye un propriétaire de moutons du royaume de Naples, pour les animaux qu'il envoie pendant l'hiver sur la tenuta, 625 écus qui lui reviennent sur le prix des 5,000 sommes de charbon de bois que produit la forêt, et le gain très-considérable qu'il fait chaque année sur les bestiaux qu'il vend pour la boucherie.

C'est le propriétaire qui paye l'impôt; mais en entrant en jouissance le fermier a dû déposer ses 12,000 écus (60,000 fr.) de loyer, qui répondent non-seulement du payement de l'année suivante, mais encore des détériorations que l'on pourrait constater à la fin du bail, car le fermier doit encore payer le loyer de la dernière année, et c'est alors seulement qu'on lui rend ses 12,000 écus.

Telle est la ferme de l'Agro-Romano, cette terre inféconde, vouée à un déplorable système de culture, qui ne rapporte que 8 p. 100 au pro-

priétaire, tout en permettant au fermier de réaliser d'importants bénéfices!

Passons maintenant à celle des marais Pontins.

CHAPITRE II.

FERME CONSACRÉE A LA CULTURE ET A L'ÉLEVAGE.

En se rendant de Tor' San Lorenzo à Fôr Appio, la nouvelle ferme dont nous allons parler, on traverse deux autres *tenute*, Campo di Carne et Campo Morto, d'une étendue bien plus considérable encore. La dernière se loue 30,000 écus (150,000 f.) entre quatre fermiers. Cortesi, le plus riche peut-être des marchands de campagne des Etats romains, l'avait auparavant à lui seul pour 22,000 écus (110,000 fr.). Il n'en tient plus aujourd'hui qu'un quart. L'on voit de quel rapport est susceptible une terre dont le bail augmente ainsi, en une fois, de 40,000 fr., et que se disputent, à ce prix, des spéculateurs habiles et avides de gain.

Fôr Appio (*Forum Appii*) est situé au milieu des marais Pontins, à droite de la route de Naples, et à 13 milles de Cisterne. Des bâtiments presque neufs, et entretenus avec le plus grand soin, donnent à cette ferme une apparence toute particulière de richesse et de propreté. La terre appartient au banquier Feoli, qui la loue 22,000 écus (110,000 fr.) au même Cortesi, qui tient le quart de Campo Morto et d'autres fermes encore. Le propriétaire actuel l'a payée aux ducs Braschi 295,000 écus, c'est-à-dire 1 million 475,000 fr., et il se trouve ainsi avoir placé son capital à près de 8 p. 100.

La *tenuta* est de 4,000 rubbia ou de 7,393 hect. 60 ares, ce qui met l'hect. à 199 fr. 50 c. Le terrain est donc un peu meilleur que celui de Tor' San Lorenzo, puisque l'excédant du prix

est de 26 fr. 38 c. par hect. Sans doute, il y a
une différence dans la valeur de la terre grasse
des marais Pontins et de la terre sablonneuse de
Tor' San Lorenzo. Mais il nous semble que la
plus-value des terres de Fôr Appio tient surtout
d'abord à ce qu'il y en a une assez grande partie plantée de bois, et ensuite au voisinage de
la grande route, qui facilite tous les transports.
Les deux *tenute* rapportent, du reste, à leurs
propriétaires, d'après les baux actuels, de 14 à
15 fr. par hectare.

Sur les 4,000 rubbia de Fôr Appio, 1,200
rubbia, c'est-à-dire à peu près le tiers, sont en
forêts; le reste en prés ou en culture. Un peu
plus de 4,000 têtes de gros bétail et 2,500 moutons étrangers qui viennent pendant l'hiver
trouvent leur nourriture sur cette étendue. Environ 2,000 vaches et 300 chevaux, appartenant
à différents propriétaires, paissent, soit dans les
prés, soit dans les forêts. Cortesi possède lui-
même 1,500 vaches et 200 chevaux.

Ses vaches lui fournissent, par an, 40,000 livres de fromage : l'on ne fait jamais de beurre, à cause de la trop grande distance de Rome, et à cause de l'eau qu'on ne peut empêcher de pénétrer dans les caves. Elles lui donnent en outre 400 veaux par an. On garde les 300 plus beaux, et on vend les autres à raison de 12 à 15 écus. 350 bêtes sont engraissées chaque année pour être vendues à la boucherie pour un prix moyen de 45 sc. par tête. Une moitié appartient à la tenuta : ce sont les vieilles vaches; l'autre est achetée tout exprès.

Les 200 chevaux de Cortesi lui donnent 30 poulains par an. Ce sont, en général, des bêtes de choix, et parmi les poulinières, nous avons trouvé quelques typés vraiment remarquables. C'est qu'il comprend cet important axiome immortalisé par Virgile :

Corpora præcipuè matrum legut.

Après la tourmente révolutionnaire, l'habile

fermier recueillit un produit des superbes étalons arabes du haras de Porta-Salara, et le lâcha avec les autres poulains dans les prairies de Fôr Appio. Il est de couleur isabelle, très-élégant de formes, nerveux et rapide. On en a le plus grand soin, et c'est avec une sorte d'admiration respectueuse que le massaro, qui m'accompagnait dans la tenuta, me l'indiquait au milieu du troupeau des poulains. En croisant avec lui ses belles juments romaines, il obtiendra, selon toute apparence, d'excellents produits. Cortesi comprend aussi fort bien tout l'avantage qu'on pourrait tirer d'une meilleure éducation des poulains : chaque année il achète un certain nombre de jeunes chevaux pour les dresser, et les vend ensuite à trois ans, dans le royaume de Naples.

En un mot, le riche marchand de Campagne a voulu, à l'instar des grands propriétaires, créer une race de chevaux qui lui fût propre et portât son nom. Les soins incessants qu'il y donne ont amené déjà de bons résultats, et l'on peut espé-

rer, si quelque événement malheureux ne vient
à la traverse, que ses efforts seront un jour couronnés d'un plein succès.

La petite forêt de Fôr Appio donne un revenu
net de 4,000 écus, toutes dépenses prélevées.
Elle est séparée du reste de l'exploitation par le
fleuve Siste, le grand canal d'écoulement des
marais Pontins.

Les terres labourables de Fôr Appio sont, par
endroits, de couleur rouge ; cela tient à ce qu'on
a brûlé beaucoup de forêts au commencement
du défrichement. Toute la partie voisine de l'ha-
bitation est plantée en céréales : le blé, l'avoine,
le maïs y sont cultivés avec intelligence et succès. Des fossés nombreux et profonds séparent
toutes ces cultures, et de hautes stationades presque neuves empêchent les troupeaux de bœufs
ou de chevaux de venir gâter les récoltes.

Une grande activité règne sur la tenuta. Cortesi, qui n'y vient presque jamais, y a pour mi-
nistres ou massari, car ici ils sont à la fois l'un

et l'autre, deux frères fort intelligents, qui se
partagent, du matin au soir, l'inspection des troupeaux et des ouvriers. Ceux-ci sont très-nombreux
pendant l'hiver, c'est-à-dire d'octobre en mai
époque de la préparation des terres, des labourages et des semailles. Plusieurs centaines d'entre
eux travaillaient aux cultures, à l'entretien des fossés, à la réparation des stationades. Ils viennent
pour la plupart, des Abruzzes. On leur donne de 20
à 30 sous par jour, et on les nourrit; les femmes
sont beaucoup moins payées. Il faut rappeler
ces travailleurs au moment de la moisson, et l'on
a plus de peine alors à les obtenir. C'est toujours
un moment critique : les fermiers se mettent en
concurrence entre eux; les recruteurs se font la
guerre, et les ouvriers en profitent pour hausser
leur prix et poser leurs conditions. Cette fois
du reste, la durée de leur engagement n'est pas
longue. Elle ne dépasse pas une semaine. Ils re-
partent ensuite pour la montagne, ainsi que
tous les habitants permanents de Fôr Appio, qui

émigrent en masse devant le mauvais air. En été, et sitôt que la malaria a fait sentir sa terrible influence, les massari ne laissent à la ferme qu'un misérable gardien, et vont s'établir avec tout leur monde sur la hauteur voisine, dans la petite ville de Sezze, d'où ils descendent pendant le jour donner leurs soins aux cultures. A la fin de septembre, on revient à la ferme, qui reprend aussitôt cette vie et cette animation au milieu de laquelle on aurait peine à découvrir le fameux air désolé invariablement prêté aux marais Pontins.

Les deux exploitations que nous venons de visiter donnent une idée exacte de ce que sont toutes les autres. Partout les mêmes principes sont appliqués; partout ils réussissent de même. On comprend aisément que les agriculteurs qui obtiennent de pareils résultats se soucient fort peu de changer les méthodes qu'ils emploient pour en essayer de nouvelles.

TROISIÈME PARTIE.

EFFORTS TENTÉS PAR LES PAPES EN FAVEUR DE L'AGRICULTURE.

TROISIÈME PARTIE.

EFFORTS TENTÉS PAR LES PAPES EN FAVEUR DE L'AGRICULTURE.

Une des erreurs les plus accréditées sur le gouvernement pontifical, est de le croire insouciant pour l'agriculture, et, de plus, incapable de provoquer la moindre amélioration. Rien de plus faux qu'une pareille appréciation. Les papes, au contraire, ont été de tout temps zélés protecteurs de l'agriculture ; il suffit d'ouvrir l'histoire pour s'en convaincre. Quoi de 'plus naturel d'ailleurs qu'un gouvernement, dont la douceur et le calme sont les conditions essentielles, s'adonne de préférence aux soins de la campagne ? S'il ne l'eût pas fait, là eût été l'anomalie. Heureusement des faits nombreux et irrécusables prouvent que, sous ce rapport, il s'est constamment montré digne de sa mission, et cela, depuis les temps les plus reculés jusqu'à nos jours.

Ses efforts ne furent pas toujours couronnés de succès; il avait à combattre deux ennemis terribles : le mauvais air et le défaut de population. Sa persévérance n'en fut que plus noble.

Dans le huitième siècle de notre ère, le pape Adrien Ier fonda dans l'Agro-Romano quatre *domoculte*, ou petits villages, qu'il peupla de colons pour cultiver les terres environnantes. Le remède était trop faible pour le mal; s'il eût réuni en une seule ces quatre colonies, peut-être la masse plus grande de la population eût-elle pu lutter avec plus d'avantage contre le mauvais air, car l'on sait aujourd'hui que l'accumulation des maisons et des individus est à peu près le seul moyen de conjurer le fléau. Quoi qu'il en soit, deux des établissements d'Adrien Ier disparurent complétement ; les deux autres ne laissèrent que leur nom et quelques ruines. Ce sont les deux Galera situées l'une sur la route de Bracciano, l'autre sur celle de Fiumicino.

Le pape Zacharie fonda quelques établissements du même genre, qui eurent le même sort. En 1318, Boniface IX, voulant remettre en honneur l'agriculture, publia un décret qui enjoignait à chacun d'ensemencer son champ ; les cardinaux eux-mêmes ne furent point exemptés de cette obligation. Le concile de Constance s'occupait, en 1414, d'améliorations agricoles ; on y fit, entre autres propositions, celle de réduire en culture les terres abandonnées de l'Agro-Romano.

En 1477, Sixte IV rendit une ordonnance par laquelle il permettait au premier venu d'ensemencer le tiers des fermes de l'Agro-Romano, même contre la volonté des propriétaires, aux-

quels on devait donner une compensation réglée
par des arbitres. Le pape Jules II, dont le génie
universel, roulant sans cesse les plus vastes des-
seins, s'élevait à la fois aux plus hautes combinaisons politiques et descendait aux plus minu-
tieux détails de l'administration, confirma et re-
nouvela toutes les dispositions de Sixte IV.

En 1523, Clément VII donna à la culture des
céréales un encouragement salutaire, en permettant l'exportation des grains toutes les fois que
leur prix ne dépasserait pas certaines limites.
Ainsi ce principe célèbre, dont on fait ordinairement honneur aux Anglais, fut posé par un
pape du seizième siècle. Paul IV nomma un
préfet de l'*annona* pour veiller sur le commerce
des blés. Telle est l'origine de cette administration célèbre, qui pourvoit encore à l'approvisionnement de la capitale, et dont plusieurs fois
les sages mesures ont su préserver la population
romaine de disettes imminentes. En 1565, Pie IV
renouvelle les anciennes lois et prohibe toute

exportation de grains. Grégoire XIII confirme la disposition de Pie IV, et confère au préfet de l'*annona*, en 1576, la faculté d'acheter quelle quantité de grains et à quel prix il jugerait convenable.

Sixte V s'occupe spécialement de l'approvisionnement de Rome en grains de toute espèce, et de l'art de fabriquer la laine. Il avait compris tout l'avantage que l'on pouvait retirer en travaillant les nombreuses laines des Etats romains dans les Etats eux-mêmes, au lieu de les vendre gréges à l'étranger pour les racheter ensuite toutes manufacturées. C'est sous son règne que l'*annona* passa aux mains d'une congrégation (1). Pie V accorde de nombreux priviléges aux agriculteurs; le plus remarquable est celui qui exempte de la taxe les bœufs de labour et les instruments aratoires. En 1597, Clément VIII

____

(1) *Bulla Sixti V; Abundantes. XVII Kal. Aprilis* 1578.

révise les lois seigneuriales ayant trait à l'agriculture, défend aux barons d'en promulguer
de nouvelles sur cet objet, et améliore la condition des vassaux. Il ordonne d'élever au moins le
tiers des veaux, et défend d'exporter ou de tuer,
pour la boucherie, les bœufs de labour. Paul V
permit, en 1611, d'exporter la cinquième partie
des grains, pourvu que leur prix ne dépassât
pas 5 écus le rubbio. Il établit aussi un tarif de
proportion entre le prix du grain et le poids du
pain que l'on devait vendre à Rome (1).

Dès cette époque, le noble exemple que donnaient les papes en s'occupant avec autant d'ardeur des questions agricoles, ne manquait pas
d'imitateurs parmi les particuliers. En 1625,
J.-B. Sacchetti fit venir des paysans de Toscane
pour cultiver une terre qu'il possédait près d'Ostie (2). Malheureusement, comme ils étaient en

(1) Nicolaï, *Memorie sulle Campagne di Roma*, iiie part.
ch. xiv.

(2) Doni, *De restituendâ salubritate agri romani.*

rop petit nombre et dans un des endroits les
plus malsains de l'Agro-Romano, ils moururent
tous de la fièvre. Les plans, les essais, les capi-
aux eux-mêmes ne faisaient point défaut; c'é-
ait à qui triompherait le premier de la mort et
endrait à ces tristes solitudes leur aspect et
eur population d'autrefois. Partout s'exécutaient
le nobles tentatives : on combattait, mais on
mourait au champ d'honneur. Qui donc oserait
accuser ces Romains d'insouciance et de paresse
à la vue de leurs campagnes désertes? Qui ne
serait, au contraire, frappé d'étonnement et d'admiration en les voyant lutter avec tant de courage
contre la malaria et la mort?

En 1788, Pie VI favorisa la production des
olives en promettant un *paul* (50 centimes) par
olivier nouvellement planté. On en planta 200,000
en différents endroits, mais pas un dans l'Agro-
Romano. Pie VII n'abandonna pourtant pas le
rêve de ses prédécesseurs, le repeuplement des
campagnes. Pour arriver à son but, il prit d'a-

bord quelques mesures générales destinées
tourner les esprits vers l'agriculture, à stimule
les plus industrieux. Il ordonna que les dots e
faveur des mariages où la classe des personne
ne serait pas clairement déterminée par le te
tateur, seraient considérées comme léguées au
filles d'agriculteur, et leur seraient remises a
jour de leur mariage. Il établit une amende d
2 fr. sur chaque rubbio de terre labourabl
qui ne serait pas cultivé, accordant une prim
du double pour chaque rubbio mis en culture
Enfin, il promulgua les lois les plus sages su
le commerce des grains qu'il favorisa tout spé
cialement, espérant engager ainsi, par l'appâ
d'un gain presque assuré, les cultivateurs d
l'Agro-Romano à ensemencer leurs terres, essen
tiellement propres, par leur nature, à la produc
tion des céréales. Il fit dépendre la liberté ou l
prohibition d'exporter les grains de leur pri
courant dans les Etats, preuve évidente de l'a
bondance ou de la disette. C'était renouveler le

ges mesures de Clément VII. Il fit plus : il ac-
orda à l'exportation une prime de 50 bajoques
2 fr. 50 c.) par rubbio (le rubbio vaut 2 hect.
décal.) chaque fois que le prix du rubbio
e dépasserait pas 5 écus. Si, au contraire, le
ubbio coûtait 6 écus, on devait payer un petit
roit d'exportation de 5 bajoques ; de 50, s'il
oûtait 8 écus ; de 3 écus 1/2, s'il s'élevait jus-
u'à 11. Enfin, s'il montait à 12, l'exportation
tait entièrement prohibée (1). Sous l'empire de
es lois protectrices, on vit bientôt le commerce
es grains prendre des proportions considéra-
les et la plus heureuse abondance régner dans
ome et dans les provinces. Mais la plus grande
xtension de la culture du blé n'avait pas porté
ur la Campagne romaine : le but du souve-
ain pontife n'était point complétement atteint;
l fallait essayer de moyens nouveaux. Averti par
es expériences malheureuses faites déjà si sou-

(1) *Motu proprio* du 4 novembre 1801.

vent par ses prédécesseurs, et considérant qu
les parties de l'Agro-Romano les plus voisin
des villes étaient certainement les moins ma
saines, Pie VII établit le fameux cordon mi
liaire (*fascia migliaria*), c'est-à-dire de la la
geur d'un mille à partir des derniers terrai
cultivés de Rome et des villes bordant la Can
pagne romaine. Toutes les terres comprises da
cet espace furent frappées d'une taxe de 5 pau
(2 fr. 50 c.) tant qu'elles ne seraient pas cult
tivées. Cette taxe prit le nom de taxe d'amélio
ration (*tassa di migliorazione*). D'un autre côté
le Saint-Père promettait des primes à tous ceu
de ces terrains qui seraient mis en culture (1
Il fit faire des desséchements, construisit des vil
lages où il entretenait un curé et un médecin.
accorda aux filles des colons nouveaux les do
qu'il avait précédemment données aux filles de
agriculteurs, et prima les nouvelles plantation

(1) *Annali d'Italia*, § 41.

d'arbres. Hélas ! tant d'efforts ne portèrent pas leurs fruits, et l'on ne reconnaît plus aujourd'hui la trace du cordon milliaire qu'aux ruines éparses des maisons que Pie VII y avait bâties. Peut-être faut-il attribuer la non-réussite de cette tentative extrême aux vicissitudes politiques qui suivirent ; c'est un dernier rayon d'espoir laissé à ceux qui croient au repeuplement de la Campagne de Rome.

Au reste, l'administration française ne resta point en arrière, et à peine fut-elle régulièrement établie, qu'elle mit à l'étude les questions commerciales et agricoles, et commença partout à donner des encouragements. En même temps elle réparait ou créait des routes pour faciliter les transports, et faisait sortir de terre les ruines du Colisée ou de la place Trajane. Le blocus de nos colonies nous privait alors de précieuses denrées dont l'usage était depuis longtemps devenu pour nous une habitude, une nécessité même. Le coton surtout nous était indispensable : il croissait dans l'État romain ; nous devions avant tout en encourager la culture. On promit aux cultivateurs 1 fr. par kilogramme de coton qu'ils apporteraient sur le marché (1), et, plus tard, l'Empereur en donna 500,000 pour établir des manufactures et favoriser la culture du coton à six lieues à la ronde de Rome. Mais la France ne se borna pas à protéger les seules productions qui pouvaient lui être utiles. Elle songea, elle aussi, à l'assainissement des campagnes, à l'amélioration de leur culture; elle ordonna aux propriétaires de l'Agro-Romano de faire planter des arbres le long des routes, de construire sur leurs terres des bâtiments en rapport avec la grandeur de l'exploitation. L'on ne construisit aucune maison, mais on planta des arbres que la sécheresse fit tous périr. Il ne faudrait pas voir dans ces faits un parti pris de résistance ni même de mauvais vouloir; ils n'étaient que le résultat d'une triste expérience et

(1) *Ordine della consulta*, fév. 1810.

d'un profond découragement. La France n'en poursuivait pas moins son œuvre ; elle donnait, en 1810, une salutaire impression au commerce en faisant faire au Capitole une exposition des produits de l'industrie. Elle interdisait la mendicité, cette plaie sociale qui avait pris à Rome des proportions effrayantes depuis la suppression des couvents, à la porte desquels une population paresseuse était habituée à trouver son pain de chaque jour. L'administration fonda deux maisons où les mendiants trouvèrent aliments et bon coucher, mais où ils furent soumis au travail ; c'était le plus sûr moyen d'empêcher la mendicité. Les plus jeunes et les plus robustes des neuf cents individus renfermés dans ces maisons, et des deux mille cinq cents autres malheureux reçus dans les établissements de date antérieure furent envoyés aux champs pour s'y livrer à l'agriculture (1). Ce fut un excellent exemple donné

(1) *Bulletin des lois*, 1811, n° 413.

aux hommes d'Etat romains : puissent-ils en profiter! Mais notre plus beau titre à leur reconnais-
sance est l'introduction de nos lois forestières
dans l'administration des forêts magnifiques qui
couvrent encore presque la cinquième partie des
États. Elles en sont, en effet, la richesse la plus
durable, et, bien aménagées, elles peuvent
encore, pendant des siècles, être une source
intarissable de revenus pour leurs propriétaires
et pour l'Etat. Autrefois, ce dernier ne s'occupait en rien de leur conservation, et laissait les
premiers couper, tailler, arracher sans contrôle,
au gré de leur caprice ou des besoins subits d'argent qu'ils pouvaient avoir. Des servitudes mal
entendues et s'exerçant sans aucune surveillance,
les vaches d'une commune entière répandues
dans une forêt, abîmant les arbres, dévorant les
semis, tout conduisait au déboisement progressif. L'Empereur vint à temps pour arrêter le mal;
il avait besoin de bois pour ses vaisseaux, ses
premiers soins furent pour les forêts. Il publia

un décret qui soumit les forêts des Etats pontificaux aux lois forestières françaises Les effets de
ce décret furent immenses : non-seulement pendant tout son règne il tira de Terracine les plus
beaux bois de construction pour Toulon et Mar-
seille; mais l'état actuel des mêmes forêts est tel
aujourd'hui, qu'elles pourraient suffire encore à
toutes nos demandes. En même temps, l'Empereur décrétait le rachat des servitudes, l'une des
plus terribles entraves qui puissent arrêter le
progrès agricole; il nommait une commission
pour étudier les causes du mauvais air, faire con-
naître les moyens de dessécher les marais de Cisterne, de réduire en culture les trop nombreuses
prairies des Etats romains, etc., etc. Tel était ce
génie, qui faisait d'une main la conquête du
monde, le gouvernait de l'autre, et trouvait encore le temps de s'occuper des pâturages de l'A-
gro-Romano !

En 1828, une société française proposa à
Léon XII de prendre en emphytéose, pour 150

années, les fermes des pieux établissements, pour une redevance qui serait fixée par des experts. La société s'engageait à améliorer la culture des terres qu'elle prenait à bail, et à y établir des colonies. Une commission cardinalice se réunit pour examiner ces propositions; mais la longueur de l'emphytéose l'effraya, et rien ne fut conclu.

En 1829, Pie VIII promit de primer, jusqu'en 1840, les mûriers et les oliviers. On planta 308,555 oliviers et 205,703 mûriers. Le gouvernement y employa 46,283 écus; mais, dans quelques années, la richesse publique augmenta de 90,000 sc. d'huile et de 25,000 sc. de soie de plus par an.

Au moment où nous écrivons, on s'adonne plus que jamais aux études agricoles; les essais les plus louables sont tentés chaque jour par le gouvernement et par les particuliers, et le pontificat de Pie IX marquera certainement parmi ceux où l'on se sera le plus occupé de sciences agronomiques.

A Rome, une académie, qui porte le nom d'Académie Tibérine, et dont quelques personnages illustres font partie, se réunit plusieurs fois dans l'année pour traiter des questions d'agriculture. On y lit des discours sur l'état actuel de la culture, des projets d'amélioration dont il reste toujours quelque chose, bien qu'ils soient souvent inapplicables; ils ont au moins le mérite d'attirer l'attention sur ces questions intéressantes et d'en entretenir le goùt. L'Institut agricole et d'encouragement, fondé sous les auspices du cardinal Massimo, par 60 sociétaires, en comptait 237 la seconde année de son existence. Son but était d'améliorer l'agriculture, spécialement celle de l'Agro-Romano, et d'y établir des colonies. Un journal mensuel publiait le résultat de ses opérations. Chaque souscripteur payait 5 écus d'entrée et 1 sc. par mois. Le Saint-Père avait pris cet établissement sous sa haute protection. Mais les événements politiques et le manque d'expérience pratique de la plupart de ses membres ne lui permirent pas de subsister plus de deux ans. Dans les provinces, il existe aujourd'hui des sociétés agricoles qui s'occupent des intérêts ruraux, et distribuent, comme encouragement aux agriculteurs, les fonds dont elles peuvent disposer. Bologne, Ravenne, Ferrare, Velletri, Pesaro, Pérouse, Rieti, ont leurs sociétés agricoles divisées en actions et subventionnées par la commune. Une ordonnance de la commission de gouvernement, publiée en 1849, voulut que dans chaque chef-lieu de province il fût institué une commission pour l'amélioration agricole, et qu'elle fût composée des principaux propriétaires, de savants agronomes et de cultivateurs distingués. Mais cette ordonnance ne reçut qu'une demi-exécution.

Né à Sinigaglia, où l'on cultive la vigne en la soutenant par des arbres, le Saint-Père voulut introduire cette méthode dans les vignobles romains. Sa Sainteté acheta, près de la porte Portèse, une vigne à cannettes presque abandonnée. On y construisit des bâtiments pour servir de demeure à des colons qu'on fit venir de la Romagne et qui, selon la coutume de ce pays, plantèrent de nouvelles vignes, soutenues par des ormes. Les enfants qu'on y recueillera deviendront des cultivateurs fixes, habiles et moins coûteux que ceux qu'on emploie ordinairement.

En 1850, le Saint-Père mit un fonds annuel de 10,000 écus à la disposition du ministère de l'agriculture et du commerce, pour primer, pendant quinze ans, tous les arbres plantés dans l'étendue de ses Etats.

Quand l'exemple vient d'en haut, il est bien rare qu'il ne soit pas suivi. Les riches particuliers ne voulurent pas rester en arrière. A Trivignano, le prince Conti sema des prairies artificielles, planta des oliviers et des mûriers, assainit ainsi les bords fiévreux du lac de Bracciano, augmenta son bétail, améliora la méthode d'extraire l'huile, enrichit le pays en l'excitant au

.travail , et doubla lui-même ses revenus dar

l'espace de quelques années.

Le prince Borghèse ne s'occupa pas ave

moins d'ardeur de sa tenuta de Torre-Nuov

dans la Campagne romaine. Il pensa, non sar

raison , que les mûriers étaient les premier

arbres que l'on devait essayer de planter dar

l'Agro-Romano, les travaux de cette cultur

s'exécutant tous dans le printemps, avant qu

l'air ne se soit complétement corrompu. Il en fi

donc planter, en 1846, 1,122, et en 1847, 1,450

Sur ce nombre, il n'en périt que 7 pour 100

et les autres vinrent fort bien sans être arrosés

Entre les rangées des arbres, il fit mettre des

betteraves qui, pendant la grande sécheresse de

l'automne de 1847, fournirent de vert vingt-

quatre de ses vaches. Avec cette nourriture

elles donnèrent trois fois plus de lait qu'à l'or-

dinaire. Encouragé par ce commencement de

réussite et voulant développer davantage la cul-

ture de Torre-Nuova, le prince y fit transporter,

en 1848, cinquante enfants pauvres; mais les événements empêchèrent d'en augmenter le nombre. Dans sa Villa Suburbana, il ne fit pas moins pour les progrès de la science agricole. Dès 1846, il y semait une prairie artificielle, chose encore très-rare à cette époque, de la garance et du safran. Ces deux plantes réussirent parfaitement; l'indigo même y fut cultivé avec succès. On y vit, pour la première fois, fonctionner une machine à battre l'avoine, et, en 1847, le prince ouvrit un concours pour les taureaux, les bœufs et les chevaux qu'il voulut primer à ses frais. Hélas! la révolution le récompensa tristement de tous ces bienfaits : sa villa fut saccagée par le peuple, ses plantations détruites et ses beaux arbres abattus!

Ce n'était pas pourtant pour en retirer gloire ou profit pour lui-même que le riche patricien faisait chaque année tant d'efforts, s'imposait tant de sacrifices : le bien public était le seul mobile qui le faisait agir, la richesse future de

la nation le seul but auquel il tendait. Trouvai
il une occasion de rendre obscurément service
l'agriculture, il ne la laissait point échappe
C'est ainsi qu'en 1847 il se montra disposé
louer à la société agricole sa ferme de Mentan
pour y établir une colonie et y faire des essa
de culture. Mais les nombreuses servitudes
pâturage qui existaient sur cette terre emp
chèrent la réalisation du projet.

Les servitudes rurales qui grèvent la presq
totalité des propriétés dans les Etats pontifica
ont été de tout temps, et elles le sont enco
aujourd'hui, un des obstacles les plus sérieu
qui s'opposent au progrès agricole. Elles so
de trois sortes et donnent naissance à autant
droits différents : ces droits se nomment dr
de paître, droit d'ensemencer, droit de faire d
bois; la plupart du temps ils grèvent tous à
fois la même propriété, souvent aussi ils so
séparés. Le premier existe au profit des pr
priétaires de bestiaux des villes et des commun

environnantes; le second appartient aux habitants des villages et leur permet d'ensemencer, moyennant une faible redevance, une certaine partie de la propriété d'autrui; enfin le troisième, également établi en faveur du petit paysan, consiste à pouvoir couper dans les forêts le bois dont il a besoin. Tous sont ruineux pour la propriété foncière, le premier surtout; et, comme ils n'étaient point rachetables, les propriétaires devaient indéfiniment le souffrir, sans espoir même de s'en voir affranchis un jour. Enfin, dans ces derniers temps, les propriétaires les plus courageux ou les plus entreprenants élevèrent la voix de tous côtés pour demander l'abolition de ces vieux restes de la législation du moyen âge. En 1831, les propriétaires de Viterbe et de Nepi, qui passaient pour être les plus lésés par le droit de pacage exercé sur leurs terres, adressèrent à Grégoire XVI une pétition pour obtenir la faculté de libérer leurs fonds de cette funeste servitude. Le Saint-Pèr accueillit favorablement leur demande, mais il trouva de vives résistances chez les riches propriétaires de bestiaux des deux villes, qui se liguèrent entre eux et employèrent tout leur crédit pour faire échouer la démarche. Cependant en 1843 on rédigea un projet de transaction dans lequel on établit ce principe que les propriétés pourraient être libérées de la servitude de paître, moyennant une équitable compensation. Après de nouvelles disputes, Grégoire XVI remit le projet à une commission spéciale pour l'examiner. La commission approuva la plupart des dispositions. Encouragés par cet heureux résultat, les propriétaires romains adressèrent, en 1847, à N. S. P. le pape Pie IX une pétition semblable à celle des habitants de Viterbe et de Nepi, mais dans laquelle ils demandaient en outre l'abolition des servitudes d'ensemencer et de faire du bois. Elle était signée du prince Altieri, du prince de Piombino, du prince Corsini, du prince Doria,

du bailli Borgia, au nom de l'ordre de Malte, etc.
Sa Sainteté soumit la nouvelle demande à la
même congrégation cardinalice qui l'approuva
également, quant aux servitudes de paître, mais
qui refusa de se prononcer au sujet des servitudes d'ensemencer et de faire du bois, avant
d'en avoir référé aux présidents des provinces
et à leurs *congrégations gouvernatives*. Elle fixa
la liquidation du *quanti interest* à une annuité
pécuniaire hypothéquée sur le fonds ou à la
cession d'une portion de terrain convenue entre
les parties. Le propriétaire du fonds aura toujours le droit de se libérer complétement en
payant en une fois 20 annuités, c'est-à-dire un
capital de 100 fr. par 5 de rente. Cette dernière
disposition était exactement calquée sur celle
de la loi sur le rachat des rentes perpétuelles,
qui enchaînèrent si longtemps et qui enchaî-
nent encore les fortunes des princes romains, et
non-seulement les empêchent de disposer de
leurs capitaux pour améliorer leurs terres,

mais les conduisent trop souvent à la ruine, en leur faisant payer en un siècle une rente cinq fois plus forte que le capital primitivement reçu.

Deux fois seulement et pour quelques mois en 1831, sous Grégoire XVI, et dernièrement en 1848, les rentes emphytéotiques (perpétuelles car ici le caractère de l'emphytéose est la perpétuité, et ce n'est que par exception que l'on donne quelquefois une propriété à emphytéose pour un certain nombre d'années seulement; l'emphytéote acquiert ordinairement, et pour toujours, le domaine utile et peut disposer à son gré de la propriété, pourvu qu'il paye perpétuellement la faible rente qu'il n'a pas le droit de racheter) furent déclarées rachetables, mais seulement en ce qui regarde les biens ecclésiastiques. Les principes sur la propriété sont ici tellement sévères, que le pape n'eût jamais osé excepté pour une classe de personnes sur laquelle il exerce une action directe, publier que des contrats librement consentis par les propriétaires pussent être modifiés. Il serait pourtant aussi utile pour le créancier que pour le débiteur de la rente de pouvoir se libérer de ces engagements éternels. Aujourd'hui, en effet, la situation est bien différente; l'industrie appelle de tous côtés les capitaux et leur offre des chances de gain avantageuses. Le propriétaire qui a donné son bien en emphytéose, pour une faible rente de 2 p. 100, serait fort aise de la reprendre pour en placer le capital dans l'industrie à un taux plus élevé, et le débiteur de la rente qui doit payer, par la suite, dix fois la valeur de la propriété, aimerait bien mieux se débarrasser de cette obligation qui entrave pour toujours ses affaires, en payant, une fois pour toutes, une grosse somme en compensation.

Le sécrétaire de la congrégation chargée d'examiner la question de rachat des servitudes, Mgr Milella, présenta ses décisions au Saint-Père, qui les approuva toutes sans réserves. C'est donc encore à Sa Sainteté Pie IX que les Romains doivent la solution de cette grande question des servitudes de pâturage, qui occupa le règne tout entier de Grégoire XVI.

Les projets, les fondations même d'établissements agricoles ne manquèrent pas plus à Rome que les sages ordonnances de ses papes. Malheureusement, ou ils n'étaient pas établis sur une échelle assez vaste pour donner des résultats bien positifs, ou les dissensions politiques vinrent les détruire ou les ruiner successivement. Au dix-septième siècle, l'hospice des enfants trouvés commença à envoyer quelques enfants à la ferme de Monte-Romano, dans la province de Civita-Vecchia. Ils formèrent peu à peu un village qui est aujourd'hui de mille habitants. Depuis quelques années, il envoie cinq ou six enfants près de Viterbe travailler à l'agriculture sous la direction d'un ecclésiastique. Ils restent là de douze à dix-huit ans, et sortent ensuite avec un petit pécule pour aller travailler où bon leur semble. Quatre-vingt-dix enfants sortent chaque année du pieux établissement ; si on les destinait tous à l'agriculture, ils pourraient, tous les dix ans, former un village que le nombre de ses habitants mettrait vite à l'abri des influences du mauvais air.

En 1848, l'Institut agricole et d'encouragement fonda sur l'Aventin une colonie d'enfants abandonnés. A peine y furent-ils établis que tous les désastres des révolutions vinrent fondre sur la société. Son président, le cardinal Antonelli, dut suivre le saint-père à Gaëte. On tenta pourtant de sauver l'établissement, et le comte Colloredo, bailli de l'ordre de Malte, fut élu président par intérim. Il fit choisir, en outre des enfants abandonnés par les rues, pour lesquels l'établissement avait été spécialement fondé, un certain nombre d'enfants pauvres de l'hospice Sainte-Marie des Anges. Puis il convertit ces apprentis artisans, qui seraient probablement devenus fort inutiles par la suite, en

jeunes cultivateurs appelés à rendre à la patrie
à l'agriculture les services les plus importants.

Cette énumération rapide des efforts tentés
par les papes et par quelques particuliers pour
améliorer l'agriculture, suffit bien, nous le
croyons, à les laver les uns et les autres du reproche d'insouciance et d'inertie qu'on leur a si
injustement adressé. Mais n'y a-t-il plus rien à
tenter après eux? Ces efforts ont-ils suffi à rendre la culture parfaite dans les Etats romains?
Non, sans doute; et c'est de ce que l'on pourrait
faire encore que nous allons traiter maintenant.

QUATRIÈME PARTIE.

DES RÉFORMES ET DES PERFECTIONNEMENTS QU'ON POURRAIT ENCORE AUJOURD'HUI APPORTER A LA CULTURE DES ÉTATS ROMAINS, SPÉCIALEMENT A CELLE DE L'AGRO-ROMANO.

QUATRIÈME PARTIE.

DES RÉFORMES ET DES PERFECTIONNEMENTS *utiles* QU'ON POURRAIT ENCORE AUJOURD'HUI APPORTER A LA CULTURE DES ÉTATS ROMAINS, SPÉCIALEMENT A CELLE DE L'AGRO-ROMANO.

Dans toute espèce de réforme et de perfectionnement, et surtout en matière agricole, il faut toujours bien prendre garde de se laisser entraîner par de brillantes utopies. Trop souvent l'augmentation de prix des choses améliorées ne correspond pas aux capitaux employés à cette amélioration; souvent même elle leur est intérieure, et alors une ruine plus ou moins

prompte, mais certaine, attend l'imprudent ré-
formateur qui s'est laissé bercer de trop sédui-
sants rêves. Que de fermes-modèles, utiles à la
science, mais vicieuses en pratique, n'ont appris
aux agriculteurs qu'à se ruiner avec méthode et
suivant les règles de l'art! Combien d'autres,
avec leurs bestiaux étrangers, leurs instruments
irréprochables, mais dispendieux, et malgré
les subsides des gouvernements, ont eu peine à
soutenir la concurrence d'un pauvre paysan,
leur voisin, suivant aveuglément la tradition de
ses pères ! Aussi ne parlerai-je ici que de perfectionnements *utiles;* il en est tant qui ne le
sont pas !

Les marais Pontins, principal foyer de la malaria, doivent en premier lieu attirer l'attention. Ils s'étendent, entre Nettuno et Terracine,
sur une longueur d'environ quarante milles et
sur une largeur de sept à quinze, du pied des
monts Lepini au rivage de la mer. Il n'est point
douteux que cette vaste plaine ait été jadis cul-

tivée en céréales, qui devenaient pour Rome, dans les temps de disette, une ressource abondante et assurée. Tite-Live en parle fréquemment. Ce qui est moins certain, c'est qu'elle ait jamais été habitée par une population nombreuse, vivant en sécurité dans les lieux mêmes où les fièvres règnent aujourd'hui avec intensité. Pline nous apprend sans doute que vingt-trois cités volsques existaient autrefois sur la côte et sur les montagnes qui bordent les marais Pontins, et l'on peut encore aujourd'hui en retrouver la trace. Mais ces deux faits ne suffisent pas pour établir qu'aucune ville se soit jamais élevée au centre même des marais Pontins. Il est donc très-probable que la plaine volsque fut cultivée jadis comme elle l'est aujourd'hui, c'est-à-dire par les habitants des villes environnantes, qui y venaient travailler le jour pour rentrer la nuit dans leurs murs. Seulement, comme ces villes étaient infiniment plus nombreuses et plus habitées, les bras suffisaient à la culture en céréales, à l'entretien des routes et des canaux, et pouvaient aisément s'opposer à l'envahissement des eaux. Mais quand l'ambition de Rome et cette soif insatiable de conquêtes qui la dévorait eut successivement dépeuplé l'Italie, la lutte devint inégale entre l'homme et la nature, et l'étendue des marais dut nécessairement s'accroître de jour en jour. Les torrents qui descendent des monts Lepini furent abandonnés à eux-mèmes, et, manquant de direction, se répandirent dans la basse plaine pour y former un amas d'eaux stagnantes et fétides. Que l'on ajoute à cette cause incessante la ligne presque infranchissable que les sables du rivage, fort élevés au-dessus du niveau de la plaine, opposent à l'écoulement des eaux, et l'on comprendra aisément quelles difficultés devaient se présenter plus tard à la bonification de la maremme.

On croit assez généralement qu'Appius Claudius, lorsqu'il construisit la voie célèbre qui tra-

verse les marais Pontins dans toute leur longueur, fit quelques tentatives de desséchement.
Mais ce n'est là qu'une simple supposition,
qu'aucun document ne vient confirmer. Les premiers travaux sur lesquels nous ayons des renseignements positifs furent exécutés, cent trente
ans plus tard, par le consul Cornélius Céthégus.
Jules César forma le projet de continuer cette
grande entreprise ; mais il est douteux qu'il l'ait
mis jamais à exécution. Auguste s'en occupa
plusieurs fois et avec succès, car, jusqu'aux rè-
gnes de Néron et de Trajan, il ne paraît pas que
de semblables travaux aient été jugés nécessaires. Les derniers essais tentés avant la chute
de l'empire romain le furent sous Théodoric
par Cécilius Décius. De son palais de Terracine,
dont les ruines dominent encore au loin les marais et la mer,

Imposilum saxis latè candentibus Anxur,

le roi des Goths pouvait assister en personne aux travaux de ses ingénieurs.

Boniface VIII est, dit-on, le premier pape qui essaya de dessécher les marais Pontins. Martin V et Sixte-Quint suivirent son exemple. Enfin, Pie VI, de la noble famille des Braschi, monta sur le trône pontifical. Instruit par l'expérience des Romains et par celle de ses prédécesseurs, il voua tous ses efforts à l'assainissement de cette vaste maremme, à l'extrémité de laquelle il venait d'élever la ville de Terracine. Il rétablit le canal d'Auguste, le decennovium, qui prit le nom de Naviglio-Grande ou de Linea-Pia. A l'aide de canaux transversaux, fermés par des écluses, et qui devaient aboutir au canal principal tracé le long de la Via Appia, il mit le premier en pratique l'excellent système des *colmates*, qui consiste à élever les terrains envahis par les eaux par les alluvions mêmes des torrents de la montagne. Il réussit si bien, qu'il parvint à redresser la route qu'Appius Claudius

n'avait pu conduire en ligne droite jusqu'à Terracine, mais qu'il avait été obligé de faire flé-
chir, au pied des monts Lepini, à cause du peu
de consistance et de la mobilité des terrains, encore très-imprégnés d'eau. Le prix de ces travaux s'éleva à la somme de 9 millions de francs,
et leur entretien annuel à la somme de 4,000 écus
romains, environ 22,000 fr.

Aujourd'hui, deux systèmes sont en présence :
l'un consiste à faire écouler vers la mer toutes
les eaux des marais ; l'autre à retenir les eaux en
certains endroits, afin que leurs attérissements
exhaussent peu à peu le niveau des terres. Le
premier est, pour ainsi dire, inapplicable aux
marais Pontins, à cause de la grande différence
de niveau entre les dunes sablonneuses du bord
de la mer et le milieu même de la maremme.
Le second, qui est celui des colmates, employé
avec tant de succès en Toscane pour le desséchement du lac de Castiglione et des marais
de Grossetto au moyen des alluvions de l'Om-

brone, conviendrait beaucoup mieux à la situation actuelle. Il rencontrerait pourtant aussi un obstacle presque insurmontable dans le très-petit nombre de cours d'eau qui descendent des monts Lepini, et qui, à eux tous, ne formeraient pas une masse d'eau équivalente à celle de l'Ombronne, quoiqu'ils dussent attérir une étendue bien autrement considérable que celle du lac de Castiglione. Ces cours d'eau, qui ne sont que de véritables ruisseaux, presque toujours à sec pendant l'été, se nomment Cavata, Foce Verde, Astura, Ninfa, Aufente, Amaseno et Fiume Sisto, qui est le grand canal. Il est permis de croire que leurs alluvions, quelque ménagées et bien réparties qu'elles puissent être, seraient bien longues à procurer un résultat de quelque importance. Cependant, si des travaux bien entendus, si de nombreuses écluses, avec des diramations mobiles pour envoyer les eaux bourbeuses sur les divers points à exhausser, si des ponts à cataractes, destinés à la fois à retenir les alluvions des petits fleuves à leur embouchure, en ne laissant filtrer que leurs eaux limpides, et à empêcher en même temps les eaux salées de s'introduire dans celles des étans du rivage, et de devenir ainsi, par leur mélange, une des causes les plus actives de putréfaction; si, enfin, des puits à tympan, ces puissantes machines hydrauliques, si promptes à dessécher les marais peu profonds, venaient s'ajouter aux améliorations déjà faites, nul doute que l'on n'obtînt une bonification au moins partielle des lieux restés encore malsains. L'établissement de routes perpendiculaires à la voie Appienne, qui faciliteraient le transport à la mer des céréales et des bois, aujourd'hui presque impossible, serait sans doute encore d'un grand encouragement pour les agriculteurs, et la construction de quelques ports sur le littoral compléterait admirablement un ingénieux système de débouchés. Mais les droits de vaine pâture, de chasse, de pêche, de cueillette, qui disputeront pied à pied le terrain aux travaux d'assainissement ; mais la malaria encore puissante ; mais le manque de population, voilà ce qu'il s'agit de vaincre !

C'est pour l'Agro-Romano surtout qu'il faut entrer avec prudence dans les voies d'amélioration, et n'en point imaginer de possibles là où il n'y en a point ; n'avons-nous pas prouvé, d'ailleurs, que la culture de ces campagnes a été calomniée, mal comprise, et qu'elle fait manger au peuple de Rome de la viande à bon marché et du pain en abondance ? Le paupérisme est la plaie de la France et de l'Angleterre. A Rome, on ne sait pas ce que c'est que mourir de faim, si ce n'est en paroles ; et, qu'il nous soit permis de le dire en passant, c'est à son catholicisme qu'elle doit une grande partie de son bien-être, à ses papes et à son intelligent clergé, toujours enclins, par goût et par devoir, aux occupations agricoles. On ne peut s'imaginer ce que les associations religieuses du moyen âge ont fait pour cette terre, livrée complétement sans elles aux dévastations de ces mille petits tyrans féodaux qui ne songeaient qu'à s'entre-détruire les uns les autres, et se souciaient fort peu de l'avenir de l'agriculture.

Il ne serait pas à désirer que la culture du froment prît une extension beaucoup plus considérable dans la Campagne de Rome. La grande abondance ferait tellement baisser les prix, qu'il y aurait bien vite une réaction fâcheuse, et que les marchands de campagne, dans la juste crainte de se ruiner, diminueraient bien plus encore la culture du froment, dont les frais sont si dispendieux. Il ne faut pas songer à faire produire aux cultivateurs plus de grains qu'ils n'en peuvent écouler à l'intérieur ou à l'étranger; l'amélioration consisterait à en obtenir la même quantité sur un terrain plus petit. On diminuerait ainsi les dépenses, tout en augmentant l'étendue des pâturages, où l'on pourrait maintenir un plus grand nombre de bestiaux.

L'Agro-Romano, bien que son terrain soit

des plus fertiles, ne rend peut-être pas autan
qu'il devrait rendre. Cela vient, il nous semble
d'un système de labour trop léger, qui perme
aux mauvaises herbes de repousser avec les semences. La première réforme à tenter serai
donc celle de la charrue, qui est primitivemen
ici par trop primitive. Elle est encore aujour-
d'hui telle qu'on la voit sur les médailles étrusques, telle, en un mot, que l'employait Cérès,
lorsque :

> *Prima jugo tauros supponere colla coegit,*
> *Et veterem curvo dente revellit humum.*

La faux employée au lieu de la faucille pour
couper les grains; les machines à battre rem-
plaçant les chevaux qui perdent beaucoup de
blé, et en détériorent la qualité en le piétinant,
activeraient utilement les travaux de la moisson,
et permettraient aux ouvriers de retourner plus
promptement dans leurs montagnes, et d'éviter
ainsi les fièvres qu'ils contractent si souvent.

Ces méthodes nouvelles nécessiteraient l'emploi d'un bien moins grand nombre d'hommes, et sauveraient bien des victimes.

Une routine déplorable fait mépriser ici tout engrais, excepté celui des moutons, et l'on voit se perdre une grande quantité d'excellent fumier de substances végétales et animales qui, sagement répandu sur les terres à semailles, doublerait tout au moins leur rapport.

Le mode d'assolement des terres est généralement défectueux : au mépris de leur extrême fertilité, on les laisse trois, quatre, cinq et six ans absolument incultes, sous prétexte de leur donner du repos. Ce principe paraît être erroné, car le sol n'a besoin, pour se reposer, que de la variété des semences.

Une autre erreur qui s'applique également à toutes les parties des Etats pontificaux, c'est de consacrer toujours aux prairies les lieux bas, les vallées et autres terres fécondes, de sorte que les terrains ensemencés étant les moins fertiles, sont

bientôt fatigués par une culture continue, et ne
peuvent porter plus d'une bonne récolte tous les
trois ans. Cette routine explique la précédente
On pourrait aisément, au contraire, consacrer
aux semailles, pendant dix ou douze années con-
sécutives, des prairies dont l'herbe, d'une. vé-
tusté immémoriale, trouverait ainsi moyen de
se renouveler pendant les dix-huit ou vingt-
quatre années de repos qu'on leur accorderai
ensuite. Mais le meilleur moyen de diminuer les
frais de la culture du froment, rendus si énormes
dans l'Agro-Romano par le salaire élevé que les
fermiers donnent aux ouvriers des montagnes,
serait sans doute de fonder quelques villages au-
près des principales exploitations. Il aurait en
même temps l'avantage d'assainir la Campagne
par la présence d'une grande réunion d'hommes,
et pourrait peut-être atteindre ainsi le double
but d'économie et de salubrité. Mais ici l'on ne
saurait procéder avec trop de circonspection, car
il ne s'agit plus seulement d'une expérience

scientifique, d'une perte à essuyer ou d'un profit à recueillir, il s'agit de la vie de l'homme.
Bien des essais ont été tentés dans ce sens, et
presque tous ont échoué. On a fait des plantations, bâti des fermes, fondé des colonies ; tous
les colons sont morts ou se sont dispersés, abandonnant leurs travaux, sous l'empire d'une invincible terreur. Serait-il donc à jamais impossible d'habiter ces campagnes ? Nous n'osons
pas le croire. Seulement, le remède employé
jusqu'à ce jour n'était peut-être pas assez puissant pour combattre le mal avec avantage. Il n'y
a qu'une population nombreuse, bien abritée
derrière de hautes maisons, qui puisse lutter
contre l'influence des miasmes délétères qui
parcourent la Campagne, emportés çà et là par
les vents. Nous ne citerons pas pour exemples les
villes antiques de Véies, de Fidènes, de Gabies,
d'Ardée, dont l'air n'avait rien de malsain pendant l'antiquité, et dont l'emplacement est aujourd'hui presque inhabitable ; on objecterait

avec raison que des révolutions réelles dans la configuration et dans la composition du sol ont pu se produire depuis lors et changer complétement les conditions climatériques du pays. Mais ne voyons-nous pas que l'on peut vivre à Rome en toute saison, bien que cette ville se trouve placée au milieu même de l'Agro-Romano, et, pour ainsi dire, au point d'intersection de tous les courants du mauvais air? N'y remarque-t-on pas que les quartiers les plus sains ne sont pas les plus aérés ni les plus propres, mais bien au contraire ceux dont l'aspect est le plus sale et le plus misérable, parce qu'ils sont au centre de la ville, mieux abrités que les autres contre l'air extérieur? Albano, qui a 5,220 habitants; Ariccia, qui en a 1,264, sont également sains tous les deux, tandis que Civita-Lavinia, située une demi-lieue plus loin, dans une position tout à fait analogue, mais qui n'a que 830 habitants, est réputée d'*aria sospetta*, et attaquée tous les ans de fièvres nombreuses. Il paraîtrait donc nécessaire, si l'on voulait fonder un village dans l'Agro-Romano, d'y installer à la fois au moins un millier d'habitants, dont la présence, dont les maisons, dont les feux pussent exercer une influence sur la nature de l'air, et qui fussent à même, par leur propre nombre, de fournir à tous leurs besoins. Le plus d'arbres possible devrait être planté aux alentours et dans l'enceinte elle-même du village, et les rues seraient pavées. Les anciens connaissaient toute l'influence des arbres sur la pureté de l'air, et n'avaient consacré leurs forêts à des divinités que pour en assurer la conservation ; quant au pavage, il garantit la terre de l'action solaire, et peut empêcher ainsi le dégagement des gaz malsains. Il ne serait peut-être pas aussi difficile qu'on pourrait d'abord se l'imaginer de former immédiatement la population d'au moins un millier d'âmes que devrait avoir chacun de ces villages : la charité publique est le devoir le plus saint de la société, le droit le plus imprescriptible du pauvre; seulement on peut l'appliquer de diverses manières, et de cette différente application dépendent les résultats bons ou mauvais que l'on peut en tirer. L'aumône dans les rues, la nourriture ou le logement dans des hospices, pour les pauvres, valides bien entendu, sont deux moyens d'encourager la paresse et d'augmenter la démoralisation : *Securi omnës aliena subsidia expectabunt, sibi ignavi, nobis graves* (1). Ce qui était vrai du temps de Tacite l'est encore de nos jours. La charité publique dépense chaque année 513,358 écus (2), c'est-à-dire plus de 2 millions 600,000 fr. pour secourir à domicile ou entretenir dans des hospices un grand nombre de pauvres dont on emploie quelques-uns à d'inutiles travaux. Avec la moitié seulement de cette somme, ne payerait-on pas largement les frais d'établissement de plusieurs villages? 4,500

(1) Tacite, *Annales.*
(2) Galli, *Cenni economici statistici.*

indigents sont recueillis dans des établissements
de charité (1), et 2,600 errent par la ville en men-
diant (2). Cette population de 7,000 âmes ne four-
nirait-elle pas un contingent sérieux à l'agriculture? 900 pauvres sont entretenus à l'hospice de
Sainte-Marie des Anges pour 39,000 écus. 1,500
enfants trouvés, que renferme l'hôpital du Saint-
Esprit, coûtent chaque année 50,000 écus (3),
ne pourrait-on les envoyer dans les nouveaux
villages ? Nous n'avons pas parlé des enfants
errants dans les rues, ni de cette partie des citoyens oisifs et dangereux, sans moyens avoués
d'existence, toujours prêts au murmure, armée
permanente de l'émeute, dont Cicéron disait :
*Sentinam Urbis exhauriri et Italiæ solitudinem
frequentari posse arbitrabar.* Cette phrase célèbre

(1) Morichini, *Degli istituti della publica carità in
Roma.*

(2) *Quadro statistico della popolazione di Roma.*

(3) Coppi, *Discorso agrario.*

ne semble-t-elle pas faite tout exprès pour la Rome actuelle et pour l'Agro-Romano? Le gouvernement pontifical, en suivant le conseil de l'orateur homme d'Etat, se rendrait un service éminent à lui-même, tout en assurant l'avenir de l'agriculture et la prospérité de la nation.

Pour faire l'éducation agricole de ces villages, on y attirerait quelques familles de paysans en leur fournissant des subsides. On donnerait à la moitié de ces familles cinq garçons pauvres et à l'autre moitié cinq jeunes filles, qui les aideraient dans leurs travaux et assureraient, pour l'avenir, la population du village. Ce serait l'occasion, pour le gouvernement pontifical, qui, malgré les honneurs qu'il réserve au célibat, est pourtant de tous les gouvernements celui qui encourage le plus au mariage (1), de consacrer les revenus de l'Annonciade, qui servent aujourd'hui à doter les jeunes filles pauvres de Rome,

(1) *Tournon.*

à doter celles des villages environnants. On pourrait peut-être aussi concéder à chaque famille un rubbio de terrain en emphytéose, ce qui suffirait pour l'intéresser à la demeure et l'obligerait pourtant à travailler aux exploitations voisines. La culture à laquelle on se livrerait avec le plus de succès autour de ces villages, serait sans aucun doute celle des mûriers, dont les travaux s'exécutent avant la saison du mauvais air. Ces plantations, en s'accroissant, purifieraient peu à peu l'atmosphère et ne sauraient manquer d'être une source excellente de gain, les soies des Etats pontificaux étant les plus recherchées de l'Europe.

Tel serait, ce semble, le premier pas vers le repeuplement et l'assainissement progressif de l'Agro-Romano. Mais, simultanément à la construction des grands villages, il faudrait dessécher les lieux humides d'où s'échappent, pendant l'été, les exhalaisons pestilentielles, ou tout au moins entourer ceux qu'on ne pourrait dessécher de hautes plantations qui arrêtassent les miasmes au passage et empêchassent les vents de les transporter ailleurs. L'on mettrait ainsi les nouveaux établissements dans les meilleures conditions de réussite. En effet, si l'amélioration de l'air est la suite naturelle du repeuplement d'une campagne, il est évident aussi qu'il faut tâcher tout d'abord de l'assainir par d'autres moyens, afin de rendre ce repeuplement même possible. C'est un cercle vicieux dont il est bien difficile de sortir.

Mais la fondation de ces villages devrait-elle entraîner un changement dans le système de culture de l'Agro-Romano? Nous ne le croyons pas. Ils assainiraient la campagne, ils diminueraient les frais de culture du froment en fournissant aux fermiers des bras nombreux et toujours prêts, ils rendraient les communications plus faciles, ils donneraient un nouvel élan au commerce de la soie, l'une des branches les plus importantes de l'exportation dans les Etats pon-

tificaux ; ils débarrasseraient la capitale d'individus inutiles ou dangereux. Mais ce serait tout.
Ils laisseraient subsister le principe fécond de la
grande culture, jugé seul admissible dans ces
campagnes par les plus compétents, et ne mè-
neraient jamais à la colonisation de l'Agro-Romano, c'est-à-dire à son morcellement en petites
propriétés sur chacune desquelles vivrait une
famille, rêve irréalisable de ceux qui ne se sont
pas bien rendu compte des conditions du sol et
du climat, ni des dépenses incroyables qu'en-
traîne avec soi un pareil système. Quelques mots
suffiront à en démontrer l'impossibilité :

Ce genre de culture exigeant la permanence
du colon sur la terre, il lui faudrait une maison,
une grange, une étable, une fontaine ou tout
au moins un puits, un terrain susceptible de
produire des grains, des fruits, des légumes,
du fourrage. Les trois quarts de la Campagne
romaine manquent d'eau pendant l'été, et les
légumes n'y sauraient croître. Qui oserait, d'ail-

leurs, établir une demeure fixe dans ces plaines immenses qui s'étendent d'Ostie à Orte, et sont plus ou moins sujettes chaque année aux inondations du Tibre ? La composition argileuse du sol interrompt complétement les communications pendant l'hiver, et pendant l'été la terre se fend et la sécheresse devient telle qu'après le mois de juin il ne pousse plus aucune plante.

Inférieur en général à la grande culture, comme nous croyons l'avoir montré, le système des colonies serait complétement impossible dans l'Agro-Romano.

La colonisation de ces campagnes n'amènerait qu'une ruine générale. Produirait-elle au moins l'amélioration de l'air ? On pourrait en douter, car les vignes autour de Rome, bien que de petite étendue et très-rapprochées entre elles, sont aussi malsaines que le reste de la Campagne. Les colonies disparaîtraient les unes après les autres comme les digues successives qu'on oppose au torrent, et qui ne sont pas tout d'abord assez solides. Les résultats moraux ne seraient pas plus satisfaisants, et l'antagonisme continuel qui s'établirait entre le propriétaire et le malheureux colon entraînerait les conséquences les plus funestes. Le village de Zagarolo, où le système de la petite culture fut jadis établi par les propriétaires eux-mêmes, peut en donner une idée. Espérant tirer un meilleur revenu de ces terres fertiles et améliorer en même temps le sort de leurs vassaux, les princes Rospigliosi cédèrent en emphytéose aux paysans la presque totalité de leurs terres. Ceux-ci les plantèrent de vignes, selon le système romain, qui consiste à les serrer tellement qu'on ne saurait rien cultiver entre leurs rangées. Aussi, quand la récolte du vin était mauvaise, tout était perdu. Néanmoins, et en raison de l'abondance de vin qui se maintenait à Zagarolo à cause des difficultés de le transporter ailleurs, la population doubla depuis le commencement du siècle. Mais la subdivision des locations rendit très-difficile et très-coûteux le re-

couvrement des loyers; de là, perte pour le
propriétaires, haines suscitées contre eux, dé
moralisation générale. Les habitant de Zagarol
devinrent bientôt célèbres par leur méchanceté
Dans aucun autre village de cette vaste plaine
située entre les monts Albanes et Tivoli, il ne s
commet autant de crimes. En 1849, ils se ren
dirent coupables des violences les plus atroce
contre ces propriétaires qui se sont presque rui
nés pour eux, et n'ont pu depuis lors y veni
habiter; aujourd'hui, à peine le quart des em
phytéotes paye exactement, et les autres sont e
retard de deux à dix ans pour une somme de
14,000 écus. La rente brute est de 10 écus pa
rubbio, et, nette, elle se réduit à 6. Cependant,
les terrains voisins des emphytéoses, et laissé
en pàturage, se louent 7 écus. Tels sont les avan
tages pécuniaires et politiques qu'apporterait la
petite culture dans l'Agro-Romano. Il semble
plus sage de s'en tenir au système actuellement
en vigueur.

Cela ne veut pas dire qu'il n'y ait rien à faire ou qu'on doive s'arrêter au point où l'on est arrivé. La culture de l'Agro-Romano est susceptible, au contraire, comme celle du reste des Etats, de beaucoup d'améliorations partielles, et leur progrès doit être simultané. Nous en indiquerons quelques-unes :

Les races bovine et chevaline, qui prêtent à l'agriculture un concours si utile, méritent en premier lieu d'attirer l'attention.

Les bœufs des Etats romains sont les plus beaux du monde ; mais les vaches ne sont point dans les mêmes conditions ; leur bon rapport est entièrement dû à la nature. On ne s'occupe nullement de les améliorer ni même de les soigner. Elles passent l'hiver dans les champs, qu'elles soient pleines ou malades ; aussi en meurt-il un grand nombre que l'on conserverait si on les rentrait dans des étables. Les vaches-laitières elles-mêmes, que l'on trait dans l'arrière-saison, restent exposées à la pluie, à la neige, sans autre

16

nourriture que l'herbe des prés où elles se trouvent. Le foin qu'on leur distribue quand les prairies sont complétement desséchées leur est donné sans soin et sans intelligence : on le jette en plein champ devant elles, et les pauvres bêtes en perdent une grande quantité dont elles profiteraient si on le leur donnait dans des étables ou tout au moins dans des mangeoires faites exprès. Il y aurait peut-être aussi, comme croisements, quelques essais à tenter. L'on sait que dans les races bovines les mâles sont plus beaux dans les pays chauds, les femelles plus belles dans les pays froids ; le croisement des taureaux romains avec les vaches suisses donnerait sans doute de bons résultats. C'est l'opinion des Anglais, le peuple le plus compétent en pareille matière. Avant même de se livrer à ces expériences utiles, on pourrait déjà construire quelques étables, non pas pour toutes les bêtes d'une exploitation, mais au moins pour les plus jeunes ou les plus malades. Le prix de ces constructions serait

bientôt compensé par une diminution sensible
de la mortalité.

Quant aux chevaux, nous avons déjà indiqué
tout l'avantage que pourraient tirer les éleveurs
d'une éducation plus complète et d'un assujet-
tissement moins précoce à des travaux pénibles.
Un haras qui contiendrait un grand nombre de
beaux étalons étrangers et indigènes, et où l'on
n'admettrait qu'avec discernement les juments
des différents propriétaires, rendrait aussi de
grands services. Il serait important surtout de
diriger la production non pas vers le plus grand
nombre, mais vers la meilleure qualité. Car il
est prouvé que la prospérité chevaline d'un pays
ne tient pas à la quantité des chevaux qu'il possède relativement à sa population, mais à leur
qualité, témoin l'Angleterre, qui, pour un nombre
donné d'habitants, a beaucoup moins de chevaux que la France. A Rome, on compte un
cheval par quatorze habitants. Cette proportion

est suffisante; mais il serait à désirer que la qualité fût meilleure.

Une amélioration qui se lie intimement à celle des races bovine et chevaline est celle des transports. On y emploie ici fort indifféremment bœufs et chevaux, sans distinguer le cas où il serait plus utile de se servir des uns que des autres. Lorsque le terrain est très-mauvais, les bœufs et les buffles surtout sont certainement bien préférables; mais quand il s'agit d'une longue route, on a tout avantage à employer les chevaux, tant au point de vue de la rapidité qu'au point de vue de l'économie : on a moins d'hommes et moins de bêtes à nourrir, et cela encore pendant moins de temps. Les routes sont souvent mal entretenues. Il serait de la plus haute utilité de réparer les anciennes et d'en créer de nouvelles, car la seule chose qui arrête tout l'essor de la grande culture est précisément cette difficulté des communications rapides. La sûreté et la promptitude des transports sont les plus fermes soutiens du commerce dans tous les pays. Ce serait dans les Etats romains le point de départ d'une ère nouvelle de prospérité.

Les forêts magnifiques qui couvrent encore une grande partie des Etats pontificaux doivent être de la part de l'administration l'objet de soins spéciaux et constants. Il ne faut plus oublier qu'un pays une fois déboisé, surtout un pays de montagnes, ne se repeuple jamais : Rome en a pour exemple la cime dénudée du mont Gennaro, où s'élevaient jadis d'admirables futaies qu'un ordre irréfléchi fit abattre en un jour. Cette terre est maintenant condamnée à une stérilité perpétuelle : les vents et le soleil auraient bientôt desséché les semis qu'on tenterait d'y faire. L'administration ne doit en aucune façon se départir des lois sévères qui exigent que tout propriétaire de forêt marque et désigne à l'avance les arbres qu'il veut abattre et en obtienne du gouvernement la permission

préalable. Mais il serait aussi excellent d'empêcher, par une disposition nouvelle, que les bestiaux, de quelque espèce que ce fût et à quelque
propriétaire qu'ils appartinssent, allassent paître
dans les forêts; car ils sont une cause incessante
de déboisement, et peut-être même la plus
active.

L'infériorité des foins, que l'on doit tout d'a-
bord attribuer à la grande ancienneté des prairies, tient également au manque de bâtiments
où l'on puisse mettre à l'abri les fourrages. Ils
restent, en effet, bien souvent des semaines entières à la pluie avant de pouvoir être transpor-
tés à Rome ou dans les autres villes. Deux
améliorations seraient donc indiquées : 1° mettre
en jachères les prés naturels et leur rendre leur
bonne qualité par de nouvelles semences;
2° construire des hangars couverts où l'on dé-
poserait les foins séchés après la fauchaison.
Ces dépenses, dont les grands propriétaires de-
vraient prendre l'initiative, seraient bien vite

balancées par la plus-value des fourrages, et contribueraient puissamment à l'amélioration des races bovine et chevaline. La construction de ces greniers à foin aurait encore un immense avantage qui se rattache à la question si importante des labours : c'est, en effet, dans les mois de juin, juillet et août que l'on donne ici les premières façons à la terre ; or, il arrive que c'est aussi dans les mêmes mois que l'on fait le transport des foins. Pour y subvenir, il faut non-seulement une énorme quantité de bœufs, mais on néglige ou même on abandonne tout à fait la charrue quand elle serait le plus efficace. Si l'on avait, au contraire, des bâtiments pour mettre à l'abri le fourrage et les céréales, on pourrait en effectuer le transport dans un moment où le travail serait moins pressant, avec un plus petit nombre de bêtes de somme et une plus grande économie.

On ne saurait donner trop d'encouragements à la culture des mûriers, les seuls arbres peut-être qui puissent réussir dans l'Agro-Romano. Les essais de Torre-Nuova couronnés d'un plein succès, la faveur extrème dont jouissent les soies des Etats romains sur tous les marchés de l'Europe, la circonstance que les soins exigés par cet arbre se donnent au printemps avant l'époque du mauvais air, et l'espoir, fondé sans doute, que de nombreuses plantations de ce genre assainiraient la Campagne, sont de nature à provoquer de nouvelles tentatives également profitables aux particuliers et à l'Etat.

Il n'importerait pas moins d'étudier plus sérieusement, et surtout d'une manière plus suivie qu'on ne l'a fait jusqu'à ce jour, la méthode de fabriquer les vins et de les rendre capables de supporter la mer. On constituerait ainsi une branche active de commerce avec l'étranger, d'où l'on fait venir au contraire, à grands frais, des vins falsifiés et souvent inférieurs à ceux d'un pays qui se trouve situé sous le 42e degré de latitude.

Nous avons indiqué plus haut que l'exportation du chanvre, autrefois fort active dans les Etats romains, tendait de jour en jour à diminuer d'importance. Il paraîtrait donc sage de réduire ce genre de culture et de le remplacer par un autre qui promettrait à l'exportation un long avenir de prospérité. Les conditions climatériques des Etats pontificaux, les événements eux-mêmes qui se passent aujourd'hui en Europe, semblent indiquer l'olivier comme appelé spécialement à devenir une source de richesse pour les Etats du Saint-Père; il croît également sur le sol calcaire et sur le sol volcanique, mieux encore sur le sol calcaire. Ainsi, des montagnes entières, qui ne seraient pas susceptibles d'une autre culture, pourraient être plantées d'oliviers et devenir tout à coup d'un excellent rapport. Les soins à donner à l'arbre sont des plus simples; la récolte et le traitement du fruit se font en hiver et fournissent ainsi du travail à de nombreux ouvriers pendant la morte-saison.

Quant au débouché, les circonstances actuelles paraissent l'assurer pour longtemps : on sait que l'Angleterre fait une consommation énorme de suif et d'huile pour l'entretien de ses innombrables machines. Or, elle ne produit elle-même ni l'un ni l'autre. Jusqu'à présent, elle achetait à la Russie pour plusieurs millions de suif par an, et remplaçait l'huile par cette substance dans beaucoup de cas où la première eût été sinon préférable, au moins tout aussi bonne.

L'Angleterre elle-même fournissait ainsi aux Russes, suivant la trop prophétique expression d'un de ses publicistes, les moyens de camper sur le Bosphore. Les huiles des Etats pontificaux lui seraient donc très-utiles et trouveraient chez elle un écoulement certain et durable. On en produirait une quantité d'autant plus grande que la qualité peut être inférieure. Cette question mérite, à tous égards, d'attirer également l'attention des agriculteurs et des économistes, car elle paraît féconde en heureux résultats.

Quoi qu'il en soit, l'extension de la culture de l'olivier sera toujours et dans tous les cas un progrès désirable, et peut être classée parmi les améliorations agricoles les plus utiles.

Nous terminerons en disant que peu de choses restent à faire pour mettre ici l'agriculture au niveau de celle des pays les plus avancés. Aujourd'hui, tout semble s'y prêter à la fois : l'état satisfaisant où elle se trouve déjà, les tendances du souverain, la tranquillité intérieure du pays, les circonstances extérieures elles-mêmes. Encore quelques efforts de la part de ces nobles familles qui ont si souvent contribué de leur argent et de leurs lumières à l'amélioration de toutes les cultures; encore quelques sacrifices du gouvernement pour l'assainissement des campagnes, pour le desséchement le plus complet des marais Pontins; encore quelques lois de liberté, l'abolition des servitudes d'ensemencer et de faire du bois, par exemple, et les bons résultats ne se feront pas attendre. On s'occupe

activement en ce moment-ci même du dessè-
chement des marais d'Ostie, qui sont pendant
l'été un des foyers d'infection les plus dangereux pour Rome par leur voisinage. Ils n'en
sont éloignés en effet que de cinq lieues. Sa
Sainteté fait marcher de front l'assainissement
de cette maremme et les fouilles intéressantes
qu'Elle a ordonné d'entreprendre sur l'emplacement de l'antique Ostie, et est allée déjà plusieurs fois constater par elle-même l'état de ces
travaux simultanés.

FIN.

TABLE DES MATIÈRES

Pages.

PRÉFACE.. I

INTRODUCTION.. V

PREMIÈRE PARTIE.

APERÇU GÉNÉRAL SUR LE CLIMAT, LA CULTURE ET LES PRODUITS DES ÉTATS ROMAINS.

CHAPITRE Ier. — Géographie, terrain, climat........ 3

CHAPITRE II. — Mode de culture................. 22

   1. Petite culture.......................... 23

   2° Grande culture........................ 27

CHAPITRE III. — Produits....................... 41

   1° Végétaux 41

   2° Bétail................................ 66

CHAPITRE IV. — Résultats....................... 88

   1° Pour le producteur.................... 88

   2° Pour le consommateur.................. 90

DEUXIÈME PARTIE.

FERMES DE L'AGRO-ROMANO ET DES MARAIS PONTINS.

.CHAPITRE Iᵉʳ. — Ferme exclusivement consacrée au bétail.. 103

CHAPITRE II. — Ferme consacrée à la culture et à l'élevage.. 112

TROISIÈME PARTIE.

EFFORTS TENTÉS PAR LES PAPES EN FAVEUR DE L'AGRICULTURE. 123

QUATRIÈME PARTIE.

DES RÉFORMES ET DES PERFECTIONNEMENTS QU'ON POURRAIT ENCORE AUJOURD'HUI APPORTER A LA CULTURE DES ÉTATS ROMAINS, SPÉCIALEMENT A CELLE DE L'AGRO-ROMANO. 155

AUTRES OUVRAGES D'ÉCONOMIE AGRICOLE

QUI SE TROUVENT A LA MÊME LIBRAIRIE :

Histoire des classes agricoles en France, depuis saint Louis jusqu'à Louis XVI, par M. DARESTE DE LA CHAVANNE, professeur à la Faculté des lettres à Lyon. 1 vol. in-8. Prix.. 5 fr.
Ouvrage couronné par l'Académie des sciences morales et politiques.

Statistique de l'agriculture en France, comprenant la statistique des céréales, de la vigne, des cultures diverses, des pâturages, des bois et forêts et des animaux domestiques, avec leur production actuelle comparée à celle des temps anciens et des principaux pays de l'Europe, par M. MOREAU DE JONNÈS, de l'Institut. 1 fort vol. in-8. Prix...................... 8 fr.

Des Systèmes de culture en France, et de leur influence sur l'économie sociale, par M. H. PASSY, membre de l'Institut. 2ᵉ édit, revue et beaucoup augmentée. 1 vol. gr. in-18. 2 fr. 50

Recherches sur l'influence que le prix des grains, la richesse du sol et les impôts exercent sur les systèmes de culture, par M. H. DE THUNEN. Traduit de l'allemand et augmenté de notes explicatives, par M. J. LAVERRIERE. 1 vol. in-8. Prix.. 7 fr. 50

De l'Agriculture en France, d'après les documents officiels, par M. MOUNIER, avec des remarques, par M. RUBICHON. 2 vol. in-8. Prix...................................... 10 fr.

Les Travaux publics dans leur rapport avec l'agriculture, par M. ARISTIDE DUMONT, ingénieur des ponts et chaussées. 1 vol. in-8. Prix............................ 4 fr.

Conversations familières sur le commerce des grains, par M. G. DE MOLINARI, professeur au Musée royal de l'industrie belge. 1 vol. in 18. Prix.............. 2 fr. 50

Le Paysan tel qu'il est, tel qu'il devrait être. Actualité par M. DAVID DE THIAIS, ancien préfet, avocat à la Cour impériale. 1 vol. in-8. Prix............................ 4 fr.

Histoire des paysans en France, par M. LEYMARIE. 2 vol. in-8. Prix.. 10 fr.

Histoire des classes rurales en France et de leurs progrès dans l'égalité civile et la propriété, par M. DONIOL. 1 vol. in-8. Prix.................................. 7 fr. 50

Paris. — Imp. de Pillet fils aîné, rue des Grands-Augustins, 5.

www.ingramcontent.com/pod-product-compliance
Lightning Source LLC
LaVergne TN
LVHW021440170726
843501LV00005B/1426